MAIJA HAAVISTO

Kroonisen väsymysoireyhtymän hoito

Kirjan sisältö ja paljon muuta aiheeseen liittyvää materiaalia on saatavilla ilmaiseksi Internetissä osoitteessa http://cfs.gehennom.org

Suuret kiitokset seuraaville henkilöille:

Roberto Orsini
Olli Polo
Lauri Koponen
J.L.
Vesa H.

Kirja on omistettu Kathleen Walkerin muistolle.

Ensimmäinen painos

© Maija Haavisto 2007

Kannen suunnittelu Stephen Caissie
Kannen kuva Seppo Vuolteenaho

ISBN 978-1-84753-464-4

Sisällysluettelo

Johdanto

Krooninen väsymysoireyhtymä (chronic fatigue syndrome eli CFS) on vaikea neurologinen sairaus, jota lääkärit tuntevat edelleen huonosti, vaikka sen prevalenssi voi olla yli prosentti väestöstä. Yhdysvaltain terveysviraston CDC:n marraskuussa 2006 järjestämässä lehdistötilaisuudessa CDC:n virussairauksien tutkija William Reeves vertasi CFS:n aiheuttamaa invaliditeettia MS-tautiin, AIDS:iin, loppuvaiheen munuaisten vajaatoimintaan ja keuhkoahtaumaan.[1]

CFS on pysynyt pitkään kiistanalaisena diagnoosina ja sitä on usein pidetty psykiatrisena sairautena, vaikka on runsaasti tutkimusnäyttöä, joka osoittaa toisin. Ajoittain näkee jopa väitettävän, että CFS kuuluisi diagnosoida neurastenian diagnostisella koodilla, vaikka sille on ICD-10:ssä yksiselitteisesti koodi G93.3.

CFS:n aiheuttajaa ei tunneta, mutta yhteydet sekä infektioihin että perimään näyttävät vahvoilta. 1980-luvulla puhuttiin kovasti herpesviruksista, mutta myöhemmin on epäilty erityisesti enteroviruksia sekä retroviruksia.[2, 3] Vieläkään ei tiedetä varmasti, onko kyseessä yksi ainoa oireyhtymä vai voiko samanlaisten oireiden takana olla erilaisia patologioita.

Myös solunsisäiset bakteerit kuten borrelia, klamydia ja mykoplasma ovat olleet epäilysten kohteena ja saattavat olla syynä osaan CFS-tapauksista. CFS voi todennäköisesti puhjeta myös ilman infektiota, mutta näissäkin tapauksissa erilaiset infektiot usein komplisoivat taudinkuvaa. Useiden eri geenien ja geenien ilmentymisen osuus CFS:n puhkeamiseen on pystytty osoittamaan.[4]

Oireet

CFS:n pääoire on tietysti uupumus ja sairaudelle erityinen piirre on voimakkaasti heikentynyt rasituksen sietokyky. Usein näkyy väitettävän, että liikunta on tehokas hoitomuoto CFS:ään, mutta todellisuudessa hyödyt ovat kyseenalaiset ja se johtaa herkästi relapsiin.[5, 6] Varovainen liikunta toki ehkäisee lihasten rappeutumista ja ylläpitää peruskuntoa, mutta useimmat potilaat uupuvat lievästäkin rasituksesta ja toipuminen voi viedä päiviä, viikkoja tai jopa kuukausia.

CFS-asiantuntija Jay Goldstein toteaa, että fibromyalgiapotilaat usein hyötyvät liikunnasta, mutta CFS-potilaiden sairaus usein pahenee pienimmästäkin rasituksesta.[7] Osa potilaista on kokonaan liikuntakyvyttömiä. Myös kaikenlainen keskittyminen ja henkinen rasitus vie helposti potilaalta voimat.

Potilaat kärsivät yleisesti kivuista ja säryistä, jotka voivat olla hyvinkin voimakkaita. Jopa yli puolet CFS:ää sairastavista sairastaa myös fibromyalgiaa. Kivut paikantuvat usein lihaksiin ja niveliin, mutta ne voivat esiintyä muissakin, harvinaisemmissa paikoissa, esimerkiksi virtsateissä ja imusolmukkeissa.[8]

Kurkkukipu ja päänsärky ovat yleisiä. Pahimmillaan päänsärky voi olla jatkuva ja voimakkaasti invalidisoiva. Ortostaattinen hypotensio on erittäin yleistä[9] ja potilaat kärsivät myös muista sydämeen ja verenkiertoon liittyvistä ongelmista. Hiippaläpän takaisinvirtaus on hyvin yleinen CFS:ää sairastavilla.[10] Immuunijärjestelmän häiriöt voivat ilmetä monin eri tavoin. Osaa potilaista vaivaa jatkuva kuume. Imusolmukkeet ovat usein turvonneet ja aristavat. Ärtynyt paksusuoli sekä virtsarakon vaivat ovat nekin yleisiä oireita. Useimmat potilaat kärsivät unihäiriöistä, jotka voivat ilmentyä insomniana, hypersomniana tai muunlaisin piirtein. Painajaiset, hypnagogiset hallusinaatiot ja unenaikainen liikehdintä ovat yleisiä.

Lähes kaikki CFS:ää sairastavat kärsivät erilaisista kognitiivisista ongelmista, jotka voivat vaihdella lievistä keskittymis- ja muistihäiriöistä aina dementiaan saakka. Muitakin neurologisia oireita esiintyy usein.[11] Neurologisia poikkeavuuksia voidaan havaita mm. MRI- ja SPECT-kuvissa[12] ja joskus potilailla esiintyy autovasta-aineita välittäjäaineita tai reseptoreja kohtaan.[13]

Useimmat potilaat kärsivät uupumuksen lisäksi lihasheikkoudesta. Pahimmillaan heikkous johtaa liikuntakyvyn menetykseen ja potilas saattaa tarvita pyörätuolia tai jopa letkuruokintaa. Muita mahdollisia oireita ovat mm. pahoinvointi, hiustenlähtö, yöhikoilu, aamujäykkyys, huimaus, näköhäiriöt, epileptiset kohtaukset, PMS ja kuukautishäiriöt, nokkosihottuma ja muut ihottumat.

Monesti lääkärit suhtautuvat CFS:ään vähättelevästi, mitä varmasti edesauttaa sen viattoman kuuloinen nimi. Monissa muissa maissa käytetään edelleen 1950-luvulta peräisin olevaa termiä myalginen enkefalomyeliitti, joka tuo huomattavasti paremmin esiin sairauden vakavuuden ja varmasti osaltaan vaikuttaa siihen, miten potilaisiin suhtaudutaan. Nimi ME myös muistuttaa, että kyseessä on ennen kaikkea neurologinen sairaus, vaikka sitä Suomessa hoitavatkin lähinnä infektiolääkärit.

Hoito

CFS on vakava ongelma sekä yksilön että kansanterveydelliseltä kannalta. Se voi johtaa täydelliseen invaliditeettiin, joissain tapauksissa jopa kuolemaan. Onkin tärkeää, että CFS-potilaat saavat asianmukaista hoitoa. Moni lääkäri uskoo, ettei CFS:ään ole mitään hoitoja, mutta tämä käsitys perustuu tietämättömyyteen. CFS:ään on monia lääkehoitoja, joista osa lievittää oireita ja osa saattaa vaikuttaa varsinaiseen sairausprosessiin.

Eräs tehokkaimpia CFS:ään suunnatuista hoidoista saattaa olla kaksikierteinen RNA-lääke Ampligen (polyI:polyC12U), jolla on immunomodulatorista ja antiviraalista vaikutusta.[14] Sitä on käytetty 1980-luvun lopulta asti ja se on jo saatavilla joissain Euroopan maissa (mm. Espanja ja Portugali) ja luultavasti pian myös Yhdysvalloissa. Sen hoitoa rajoittaa paljolti huikea hinta ja hankala annosteluprosessi. Monia muita tehokkaita hoitoja on tarjolla Suomessakin.

Usein, mutta ei aina, hoitojen tehosta löytyy myös tutkimusnäyttöä. Näytön puute ei ole mikään ihme ottaen huomioon tutkimuksen saamien määrärahojen

9

vähäisyyden. Usein tutkimusten otanta on hyvin pieni ja saadut tulokset saattavat olla keskenään ristiriitaisia. Siksi on tärkeää ottaa huomioon myös anekdotaalinen näyttö sekä muiden vastaavien sairauksien hoidossa saadut tulokset. Esimerkiksi MS-tautia sairastavien potilaiden uupumukseen tehoavat lääkkeet auttavat usein myös CFS-potilaita.

CFS:n lääkehoitoon liittyy esimerkiksi seuraavia ongelmia ja haasteita:

- CFS:n syytä ei tunneta, joten hoidossa täytyy keskittyä enimmäkseen oireiden lievittämiseen.
- Ei myöskään tiedetä, onko oireiden syynä yksi sairaus vai useita eri sairauksia, joilla on samankaltaiset oireet.
- CFS:n oireet vaihtelevat yksilöstä toiseen ja voivat olla toisinaan jopa vastakkaisia, kuten unihäiriöt, jotka voivat ilmetä insomniana tai hypersomniana. Lisäksi oireita esiintyy lähes kaikissa kehon järjestelmissä. Pääoireet ovat yleensä neurologisia ja immunologisia, mutta lisäksi voi esiintyä oireita, joita hoitaa perinteisesti esimerkiksi psykiatri, dermatologi tai urologi.
- CFS:ää sairastavat sietävät usein huonosti lääkkeitä ja voivat saada niistä hyvinkin epätavallisia, toisinaan paradoksaalisia sivuvaikutuksia. Usein lääkitys joudutaan aloittamaan hyvin pienellä annoksella ja joskus potilas ei pitkäaikaiskäytössäkään siedä kuin pientä annosta. Hyvinkin pienestä annoksesta voi olla apua, mutta lääkkeestä ei välttämättä ole saatavilla riittävän pientä annoskokoa.
- Potilaiden oireet vaihtelevat päivästä toiseen ja lisäksi esiintyy spontaaneja relapseja ja remissioita, mikä tekee hoidon tehon seuraamisesta vaikeaa.
- CFS-potilailla on usein monia muitakin sairauksia ja oireyhtymiä. Aiemmin mainittujen lisäksi yleisesti komorbideina esiintyviä tiloja ovat mm. muut kipuoireyhtymät (migreeni, myofaskiaalinen kipuoireyhtymä, temporomandibulaarinen kipuoireyhtymä), endometrioosi, levottomat jalat -oireyhtymä, uniapnea sekä epilepsia. Yliliikkuvat nivelet (erityisesti Ehlers-Danlosin oireyhtymä) vaikuttaa olevan riskitekijä CFS:n synnyssä, vaikka varmaa selitystä tälle ei ole vielä tiedossa.[15, 16]
- CFS:n hoitoon ei ole olemassa virallista hoitosuositusta eikä mitään lääkettä ole Suomessa indikoitu CFS:n hoitoon. Tämä ei estä useimpien lääkkeiden määräämistä, mutta monet CFS:n hoidossa käytetyt lääkkeet ovat hyvin kalliita, eikä potilaalla ole välttämättä niihin varaa, mikäli Kela ei korvaa lääkitystä. Kalliskin hoito olisi kuitenkin yhteiskunnan näkökulmasta edullinen, jos potilas saataisiin sillä toimintakykyiseksi.
- Monia lääkkeitä ei edes ole saatavilla Suomessa, mukaanlukien esimerkiksi mielialalääkkeitä, antihistamiineja, lihasrelaksantteja, immunomodulaattoreita. Toisista lääkkeistä ei ole saatavilla pitkäaikaiskäyttöön sopivia lääkemuotoja tai CFS:n hoitoon riittävän pieniä annoskokoja.

CFS pitää aina ottaa huomioon myös potilaan muita sairauksia hoidettaessa.

Monet lääkkeet, rokotteet ja hoitotoimenpiteet voivat pahentaa potilaan tilaa. Jopa paikallispuudutus voi uuvuttaa potilaan pitkäksi aikaa ja suositellaankin, että puudutukseen käytetään pelkkää lidokaiinia ilman adrenaliinilisää. Yleisanestesiassa relapsin riski on luonnollisesti vielä suurempi. Paul Cheney, eräs tunnetuimmista CFS-asiantuntijoista, on sitä mieltä, ettei hepatotoksisia anesteetteja saisi lainkaan käyttää CFS-potilailla.[17]

Lääkärin on aivan liian helppo hylätä CFS-potilaat hankalina ja "toivottomina" tapauksina, mikä on ehdottomasti lääkärin etiikan vastaista. Tässä kirjassa luetellaan yli 100 Suomessa saatavilla olevaa reseptilääkettä, joita on käytetty CFS:n hoidossa (tai vaikuttavat soveltuvan tähän käyttöön).

Kirjassa viitataan satoihin eri lähteisiin, joista useimmat ovat vertaisarvioituja lääketieteellisiä tutkimuksia. Se ei kuitenkaan ole lääketieteen ammattilaisen kirjoittama ja luonnollisestikin hoitava lääkäri on vastuussa käyttämistään hoidoista. Kommunikaatio potilaan kanssa on hoitoja valittaessa aina oleellisen tärkeää.

1 http://www.cdc.gov/od/oc/media/transcripts/t061103.htm

2 DeFreitas E, Hilliard B, Cheney PR ym. Retroviral sequences related to human T-lymphotropic virus type II in patients with chronic fatigue immune dysfunction syndrome. Proc Natl Acad Sci U S A. 1991 Apr 1;88(7):2922-6.

3 Holmes MJ, Diack DS, Easingwood RA ym. Electron microscopic immunocytological profiles in chronic fatigue syndrome. J Psychiatr Res. 1997 Jan-Feb;31(1):115-22.

4 Kaushik N, Fear D, Richards SC ym. Gene expression in peripheral blood mononuclear cells from patients with chronic fatigue syndrome. J Clin Pathol. 2005 Aug;58(8):826-32.

5 http://www.drmyhill.co.uk/article.cfm?id=277

6 Scroop GC, Burnet RB. To exercise or not to exercise in chronic fatigue syndrome? Med J Aust. 2004 Nov 15;181(10):578-9.

7 http://www.immunesupport.com/library/showarticle.cfm/ID/3942/

8 Hyde B, Jain A. Clinical Observations of Central Nervous System Dysfunction in Post-Infectious, Acute Onset M.E./CFS. Kirjassa: Hyde B, (toim.) The Clinical and Scientific Basis of Myalgic Encephalomyelitis/Chronic Fatigue Syndrome. s. 38-63.

9 Bou-Holaigah I, Rowe PC, Kan J ym. The relationship between neurally mediated hypotension and the chronic fatigue syndrome. JAMA. 1995 Sep 27;274(12):961-7.

10 Hyde B. Cardiac and Cardiovascular Aspects of M.E./CFS that may be secondary to Neurological or Psychological involvement, A Review. Kirjassa: Hyde B, (toim.) The Clinical and Scientific Basis of Myalgic Encephalomyelitis/Chronic Fatigue Syndrome. s. 375-383.

11 Lane RJM. Neurological Features of Myalgic Encephalomyelitis. Kirjassa: Hyde B, (toim.) The Clinical and Scientific Basis of Myalgic Encephalomyelitis/Chronic Fatigue Syndrome. s. 395-399.

12 de Lange FP, Kalkman JS, Bleijenberg G ym. Gray matter volume reduction in the chronic fatigue syndrome. Neuroimage. 2005 Jul 1;26(3):777-81.

13 Klein R, Berg PA. High incidence of antibodies to 5-hydroxytryptamine, gangliosides and phospholipids in patients with chronic fatigue and fibromyalgia syndrome and their relatives: evidence for a clinical entity of both disorders. Eur J Med Res. 1995 Oct 16;1(1):21-6.

14 Strayer DR, Carter W, Strauss KI ym. Long term improvements in patients with chronic fatigue syndrome treated with Ampligen. J Chronic Fatigue Syndrome. 1995 1(1): 35-53.

15 Rowe PC, Barron DF, Calkins H ym. Orthostatic intolerance and chronic fatigue syndrome associated with Ehlers-Danlos syndrome. J Pediatr. 1999 Oct;135(4):494-9.

16 Nijs J, Aerts A, De Meirleir K. Generalized joint hypermobility is more common in chronic fatigue syndrome than in healthy control subjects. J Manipulative Physiol Ther. 2006 Jan;29(1):32-9.

17 Berne Katrina. Running on Empty: The Complete Guide to Chronic Fatigue Syndrome. 1995. s. 205-206.

1. Unilääkkeet, lihasrelaksantit ja rauhoittavat lääkkeet

Unilääkkeet

CFS:ään liittyy yleensä merkittäviä unihäiriöitä. Tämä on jopa osa kanadalaisia diagnostisia kriteereitä.[1] Uniongelmat eivät todennäköisesti ole väsymyksen tai muiden oireiden syy, mutta varmasti pahentavat niitä ja heikentävät elämänlaatua. Unihäiriöihin voi sisältyä heikentynyt unen laatu, insomniaa, hypersomniaa, painajaisia sekä hypnagogisia ja hypnapompisia tiloja.

Usein potilas heräilee jatkuvasti yön aikana eikä kykene helposti nukahtamaan uudelleen. Pelkistä nukahtamislääkkeistä ei siis välttämättä ole apua. Osa potilaista heräilee virtsaamistarpeeseen, jolloin on syytä harkita lääkitystä nokturian vähentämiseksi. Unilääkkeiden ja rauhoittavien lääkkeiden lisäksi myös esimerkiksi epilepsialääkkeistä, psyykenlääkkeistä ja lihasrelaksanteista voi olla apua unen laadun parantamisessa.

tsolpideemi (Stilnoct)

Tsolpideemi muistuttaa vaikutuksiltaan bentsodiatsepiineja, mutta ei aiheuta läheskään yhtä herkästi toleranssia ja vieroitusoireita. Se auttaa nukahtamisessa ja unessa pysymisessä, mutta joskus potilaat saattavat herätä keskellä yötä saamatta enää unta.[2]

Joillain CFS-potilailla tsolpideemi saattaa pahentaa uupumusta ja kognitiivisia vaikeuksia, toiset taas saavat lisää energiaa, todennäköisesti parantuneen unenlaadun ansiosta. Lääkkeestä voi olla apua myös levottomat jalat -oireyhtymään. Monet lääkärit pitävät tsolpideemiä parhaiten soveltuvana lääkityksenä CFS:ään liittyviin, tietyntyyppisiin unihäiriöihin.[3]

tsaleploni (Sonata)

Myös tsaleploni on vaikutusmekanismiltaan bentsodiatsepiinien kaltainen, vaikkei niihin lukeudukaan. Se on erittäin lyhytvaikutteinen: puoliintumisaika on vain tunti. Tsaleploni muistuttaa muutenkin tsolpideemiä, mutta sillä on interaktioita useampien lääkkeiden kanssa,.mm. makrolidien ja karbamatsepiinin. Lääkäri Michael E. Rosenbaum pitää tsaleplonia erityisen hyvänä lääkkeenä CFS:ään liittyvien unihäiriöiden hoidossa.[4]

tsopikloni (Imovane)

Tsopikloni muistuttaa vaikutuksiltaan paljolti tsolpideemia ja tsaleplonia. Myös sillä on yhteisvaikutuksia joidenkin lääkeaineiden kanssa samalla lailla kuin tsaleplonilla.

Lihasrelaksantit

Lihasrelaksanteista on usein apua lihaskivuissa ja krampeissa, jotka ovat hyvin yleisiä kroonista väsymysoireyhtymää sairastavilla. Ne voivat myös parantaa unen laatua. Lihasrelaksanteista on vain vähän tutkimuksia CFS-potilailla, mutta esimerkiksi fibromyalgiaa sairastavilla niitä on tutkittu melko paljon.

titsanidiini (Sirdalud)

Titsanidiini on tehokas, alfa$_2$-reseptorin kautta vaikuttava lihasrelaksantti, jota voidaan käyttää lievittämään ja ehkäisemään lihaskipuja, -kramppeja ja -heikkoutta sekä erilaisia päänsärkyjä. Sitä käytetään erityisesti MS-taudin hoidossa, mutta siitä on apua myös osalle CFS- ja fibromyalgiapotilaista. Vaikuttaa siltä, että siitä voi olla apua myös neuropaattiseen kipuun.[5] Se saattaa myös helpottaa levottomat jalat -oireita.

Titsanidiinilla on vain vähän mahdollisia vakavia sivuvaikutuksia, mutta lääkärit ovat usein haluttomia määräämään sitä sen väärinkäyttöpotentiaalin takia. Lääkkeen käyttö yhdessä verenpainelääkkeiden tai fluvoksamiinin kanssa voi aiheuttaa verenpaineen voimakasta laskua. Ehkäisypillereitä käyttävillä naisilla lääke poistuu n. 50% hitaammin elimistöstä.

Hyvin monilla CFS:ää sairastavilla titsanidiini aiheuttaa sedaatiota ja tällöin sitä voidaan käyttää vain nukkumaan mennessä. Toisaalta osalla potilaista voi paradoksaalisesti ilmentyä unettomuutta. Myös huimaus, suun kuivuminen, vatsavaivat ja lihasheikkous ovat hyvin yleisiä sivuvaikutuksia. Jatkuvassa käytössä titsanidiini on suhteellisen kallista.

orfenadriini (Norflex)

Orfenadriinilla on monia erilaisia vaikutuksia elimistössä, js useista näistä voi olla terapeuttista hyötyä kroonisen väsymysoireyhtymän hoidossa. Sitä on käytetty paljon erityisesti fibromyalgiapotilailla. Orfenadriinia pidetään pääasiassa sentraalisesti vaikuttavana lihasrelaksanttina, mutta se on myös antihistamiini ja antikolinergi. Siitä voi olla apua lihassärkyihin, -jäykkyyteen ja -kramppeihin, päänsärkyyn, huimaukseen sekä levottomat jalat -oireiluun. Se voi myös parantaa unen laatua.

Orfenadriini ei yleensä aiheuta sivuvaikutuksia, mutta isommilla annoksilla voi esiintyä antikolinergisiä oireita kuten suun kuivumista, näköhäiriöitä, pahoinvointia tai sekavuutta. Orfenadriinin etuna titsanidiinin verrattuna on selvästi alempi hinta.

karisoprodoli, parasetamoli ja kofeiini (Somadril Comp)

Karisoprodolia käytetään yleisesti CFS:n hoidossa, erityisesti univaikeuksiin. Suomessa sitä on valitettavasti saatavilla vain yhdistelmävalmisteena, joka sisältää myös kofeiinia. Varsinaiseksi unilääkkeeksi se ei siis yleensä sovellu ja monet CFS-potilaat ovat yliherkkiä kofeiinille. Lääkkeestä voi olla apua lihasjännitykseen, -särkyihin ja päänsärkyyn.

Fibromyalgiapotilaille tehdyssä kaksoissokkotutkimuksessa Somadril Compilla saatiin hyviä tuloksia niin kivun, unihäiriöiden kuin yleisen huonovointisuudenkin suhteen.[6] Karisoprodoli voi aiheuttaa riippuvuutta ja Somadril Compin sisältämillä aineilla on yhteisvaikutuksia useiden eri lääkkeiden kanssa. Uneliaisuus on yleisin raportoitu sivuvaikutus.

baklofeeni (Lioresal)

Baklofeeni on GABA-johdannainen, jota käytetään spastisuuden hoitoon esimerkiksi MS-taudissa. CFS:ssä spastisuutta harvemmin esiintyy, mutta baklofeeni voi auttaa CFS-potilailla esiintyviin lihassärkyihin, -krämppeihin sekä niihin liittyviin oireisiin.[7] Myös lihasheikkous voi sen avulla helpottua.

Lääkäri Jay Goldsteinin mielestä baklofeeni on tehokkaimpia hoitoja CFS:ään (erityisesti kipuihin, mukaan lukien päänsärky) ja hän annostelee lääkettä 10-20 mg kolmesti päivässä.[8] Hänen mukaansa se voi tehota myös ahdistukseen ja toisinaan parantaa potilaan virkeystilaa. David Bellin mukaan baklofeeni ei tepsi erityisen usein, mutta kun se tehoaa, vaikutus on sitäkin parempi.[9]

Baklofeeni voi laskea verenpainetta, mikä voi olla ongelmallista monille CFS-potilaille. Väsymys, huimaus ja pahoinvointi ovat tavallisia haittavaikutuksia. Joillain potilailla lihasheikkous voi pahentua, erityisesti jos samanaikaisesti käytetään trisyklisiä masennuslääkkeitä. Goldstein kuvaa, että osan potilaista tila pahenee muutenkin baklofeenia käytettäessä. Hoitoa ei saa keskeyttää äkillisesti, sillä tämä voi aiheuttaa kouristuksia.

Bentsodiatsepiinit

Lääkärit ovat usein kovin haluttomia määräämään bentsodiatsepiineja. Tämä on ymmärrettävää ottaen huomioon niiden potentiaalin aiheuttaa riippuvuutta, mutta siitä huolimatta ne ovat hyviä lääkkeitä useisiin eri vaivoihin – muihinkin kuin vain ahdistukseen ja unettomuuteen.

Bentsodiatsepiinit ovat tehokkaita unilääkkeitä erityisesti yhdistettynä johonkin toiseen lääkkeeseen (esimerkiksi tsolpideemiin tai tratsodoniin) tai käytettynä vuorotellen jonkin toisen lääkkeen kanssa, jolloin kummankaan vaikutuksille ei muodostu niin helposti toleranssia. Bentsodiatsepiinit voivat jopa lievittää kipua, jolla on olennaista merkitystä CFS:ssä, jossa kiputilat voivat pahimmillaan olla erittäin vakavia ja invalidisoivia.

Lääkkeiden pääasiallinen haittavaikutus on väsymys ja ne voivat aiheuttaa myös masennusta, huimausta, lihasheikkoutta ja verenpaineen laskua. Osa voi aiheuttaa myös amnesiaa. Verenkuvan muutokset ovat hyvin harvinaisia.

Bentsodiatsepiineja ei saisi käyttää uniapneasta kärsivillä potilailla. Uniapnea voi CFS:ää sairastavilla olla muuta väestöä yleisempää. Ne vahvistavat muiden rauhoittavien aineiden sedatiivista vaikutusta. Hoitoa ei saa lopettaa äkillisesti, sillä erityisesti lyhytvaikutteisia bentsodiatsepiineja käytettäessä vieroitusoireet voivat olla hyvinkin ikäviä. Pahimmillaan voi esiintyä jopa epileptisiä kouristuksia.

diatsepaami (Diapam)

Diatsepaami on hyvin pitkävaikutteinen, mutta vaikutus myös alkaa nopeasti. Sillä on bentsodiatsepiineista voimakkain lihaksia rentouttava vaikutus ja sitä käytetään myös antikonvulsanttina. Siitä voi olla apua myös hyperventilaatiossa.[10] Yleensä diatsepiinia käytetään vain satunnaisesti ja silloin sen teho säilyy hyvänä.

Monet lääkkeet kuten ehkäisypillerit, atsolit, natriumvalproaatti, fluvoksamiini, propranololi, metoprololi, erytromysiini ja omepratsoli voivat hidastaa diatsepaamin eliminaatiota. Karbamatsepiini ja tupakointi voivat puolestaan nopeuttaa lääkkeen metaboliaa.

alpratsolaami (Xanor)

Alpratsolaami on hyvin lyhytvaikutteinen bentsodiatsepiini, minkä takia sitä käytetään lähinnä ahdistuskohtausten hoitamiseen. CFS:ään liittyy usein paniikkihäiriön oireita ja yleistä ahdistusta. Toisin kuin muilla bentsodiatsepiineilla alpratsolaamilla vaikuttaa olevan myös antidepressiivistä vaikutusta, mutta voimakkaan addiktiopotentiaalin takia se ei juuri sovellu masennuksen hoitoon.

Alpratsolaamia voidaan käyttää myös unilääkkeenä, jos ei kaivata pitkäkestoista vaikutusta. Lucinda Bateman käyttää tähän tarkoitukseen CFS-potilaillaan 0,5-1 mg suuruista annosta.[11] Vaikuttaa siltä, että alpratsolaami ei häiritse unen laatua samalla tavalla kuin monet muut bentsodiatsepiinit. Eräässä tutkimuksessa alpratsolaamin ja ibuprofeenin yhdistelmä oli tehokkaampi hoito fibromyalgiaan kuin kumpikaan lääkkeistä erikseen.[12] Alpratsolaamista voi olla apua myös

17

muihin särkyihin ja päänsärkyyn.

tematsepaami (Tenox)

Tematsepaami on keskipitkävaikutteinen ja bentsodiatsepiineista kaikkein väsyttävin. Sitä käyttävät CFS-potilaiden unilääkkeenä mm. CFS:ään perehtyneet lääkärit Lucinda Bateman, Sarah MyHill sekä Richard Podell. Sitä on käytetty myös levottomat jalat -oireiden hoitoon. Tematsepaamia ei saisi käyttää yhtäjaksoisesti kuin enintään muutamia viikkoja, mutta satunnaiseen käyttöön se soveltuu pidemmäksikin ajaksi.

klonatsepaami (Rivatril)

Antikonvulsanttina tunnetumpi pitkävaikutteinen klonatsepaami on yleisin CFS:n hoitoon käytetty bentsodiatsepiini. Paul Cheney, eräs arvostetuimmista CFS-asiantuntijoista vannoo klonatsepaamin nimeen. Hänen mukaansa osalla potilaista hyvin pienet annokset keskellä päivää voivat lisätä potilaiden energiatasoa. Hän uskoo syynä olevan GABA:n NMDA-reseptoria hillitsevän vaikutuksen, joka vähentää typpioksidin liiallista tuotantoa.[13]

Klonatsepaamia suosittelee myös CFS:ää paljon tutkinut lääkäri Charles Lapp, jonka mukaan tehokkain yhdistelmä on klonatsepaami unen saamiseksi ja tratsodoni unessa pysymiseksi.[14] 1999 ilmestyneessä fibromyalgiauutiskirjeessä yhdeksän CFS:n tai fibromyalgian asiantuntijaa listasi mielestään tehokkaimmat hoidot ja klonatsepaami oli kuuden listalla.[15] Usein annos on erittäin pieni, jopa vain 0,5 mg.

Klonatsepaamia käytetään myös kivun hoitoon. Diatsepaamin tapaan sillä on lihaksia rentouttavaa vaikutusta. Jotkut CFS-potilaat ovat kertoneet, että lääke auttaa kognitiivisiin ongelmiin sekä flunssankaltaisiin kipuihin ja kolotuksiin.[16] Eräässä pienessä tutkimuksessa saatiin lupaavia tuloksia klonatsepaamin käytössä CFS-potilaiden dysautonomisten oireiden hoidossa.[17] Klonatsepaami tehoaa usein myös levottomat jalat -oireisiin[18] ja toisinaan myös ihon arkuuteen ja päänsärkyyn.[19]

loratsepaami (Temesta)

Loratsepaami on vaikutukseltaan keskipitkä. Sitä on käytetty jonkin verran ahdistuslääkkeenä CFS-potilailla. Lisäksi sillä voi olla antiemeettistä vaikutusta. Natriumvalproaatti voi nostaa lääkkeen pitoisuuksia plasmassa.

triatsolaami (Halcion)

Triatsolaami on lyhytvaikutteinen bentsodiatsepiini. CFS:n hoidossa sitä käytetään lähinnä nukahtamislääkkeenä, jos potilas nukahdettuaan kuitenkin pysyy unessa, tai vaihtoehtoisesti yhdessä muiden lääkkeiden kanssa.[20] Triatsolaamiin voi liittyä suurempi amnesian, sekavuuden ja joidenkin muiden psykiatristen oireiden riski kuin muihin bentsodiatsepiineihin ja se voi aiheuttaa myös näköhäiriöitä. Sitä ei suositella käytettäväksi yhdessä atsoli-sienilääkkeiden kanssa.

1 Carruthers DM, Jain AK, De Meirleir KL ym. Myalgic encephalomyelitis/chronic fatigue syndrome: Clinical working case definition, diagnostic and treatment protocols. J Chronic Fatigue Syndrome. 2003;11 (1):7-115.

2 http://www.davidsbell.com/LynNewsV2N1.htm

3 http://www.co-cure.org/experts.htm

4 http://www.immunesupport.com/library/showarticle.cfm/ID/4337/

5 Semenchuk MR, Sherman S. Effectiveness of tizanidine in neuropathic pain: an open-label study. J Pain 2000;Winter;1(4):285-292

6 Vaeroy H, Abrahamsen A, Forre O ym. Treatment of fibromyalgia: a parallel double blind trial with carisoprodol, paracetamol, and caffeine versus placebo. Clin Rheumatol. 1989;8:245-250.

7 http://www.sehd.scot.nhs.uk/mels/HDL2003_02report.pdf

8 http://home.vicnet.net.au/~mecfs/general/goldstein_treatment.html

9 http://www.immunesupport.com/library/showarticle.cfm/ID/3343/

10 http://www.drmyhill.co.uk/article.cfm?id=273

11 http://www.offerutah.org/batemanarticle.html

12 Russell IJ, Fletcher EM, Michalek JE ym. Treatment of primary fibrositis/fibromyalgia syndrome with ibuprofen and alprazolam. A double-blind, placebo-controlled study. Arthritis Rheum. 1991 May;34(5):552-60.

13 http://www.ei-resource.org/articles/cfs/cfs-art21.asp

14 http://www.cfids.org/sparkcfs/clinical-care.pdf

15 http://www.immunesupport.com/library/showarticle.cfm/ID/3154/

16 Verrillo Erica F, Gellman Lauren M. Chronic Fatigue Syndrome: A Treatment Guide. 1997. s. 170

17 Siddiqui M, Kadri NN, Hee TT ym. Clonazepam: an effective treatment of neurally mediated symptoms in patients with chronic fatigue syndrome. Chest 2000;118:219S

18 Saletu M, Anderer P, Saletu-Zyhlarz G ym. Restless legs syndrome (RLS) and periodic limb movement disorder (PLMD): acute placebo-controlled sleep laboratory studies with clonazepam. Eur Neuropsychopharmacol. 2001 Apr;11(2):153-61.

19 Berne Katrina. Running on Empty: The Complete Guide to Chronic Fatigue Syndrome. 1995. s. 200-201.

20 http://www.cfids.org/archives/2002rr/2002-rr4-article01.asp

2. Kipulääkkeet

Tulehduskipulääkkeet

Tulehduskipulääkkeistä voi olla apua CFS:ään liittyviin särkyihin ja kuumeiluun, joskus myös migreeniin. Vaikka yksi tulehduskipulääke ei auttaisikaan, toisentyyppisestä lääkkeestä voi hyvinkin olla apua. Kaikilla potilailla lääkkeet eivät kuitenkaan lievitä kipuja tai laske kuumetta ja kroonista kipua voidaan hoitaa monilla muillakin lääkkeillä, joilla on vähemmän sivuvaikutuksia pitkäaikaisessa käytössä. Tulehduskipulääkkeitä voidaan käyttää myös ortostaattisen hypotension hoidossa niiden verenpainetta nostavan vaikutuksen takia. Ne voivat myös vähentää joidenkin sytokiinien tuotantoa.[1]

Tulehduskipulääkkeet tunnetusti ärsyttävät vatsaa eikä osa CFS-potilaista siedä niitä lainkaan. Jatkuvassa käytössä pitää harkita vatsaa suojaavan lääkkeen käyttöä, kts. kohta Tukilääkkeet. Kortikosteroidit lisäävät riskiä entisestään. Myös munuaishaitat ovat mahdollisia. Astmaatikoilla tulehduskipulääkkeet voivat aiheuttaa vaikeahoitoisen astmareaktion, mkä on tärkeä pitää mielessä. Fibromyalgiaan perehtyneen lääkäri David A. Nyen mukaan tulehduskipulääkkeet voivat aiheuttaa unettomuutta.[2] Tulehduskipulääkkeillä on jonkin verran yhteisvaikutuksia muiden lääkkeiden kanssa, mutta näitä lääkkeitä ei yleensä käytetä CFS-potilailla.

indometasiini (Indocid)

Indometasiini on huomattavan COX-1-selektiivinen tulehduskipulääke. Sen haittapuolena on suurempi todennäköisyys ruoansulatuskanavaan liittyviin sivuvaikutuksiin kuin useimmilla muilla tulehduskipulääkkeillä. Sitä käytetään yleensä vain hyvin voimakkaisiin kipuihin tai akuuttiin kuumeeseen. Sen antipyreettinen teho on erittäin hyvä. Lisäksi indometasiinilla on ibuprofeenin tavoin PPAR-gamman kautta välittyvää anti-inflammatorista vaikutusta.[3]

Indometasiini saattaa aiheuttaa päänsärkyä jopa 10-20%:lla potilaista ja päänsärkyyn voi liittyä myös huimausta ja muita oireita. Myös esimerkiksi uneliaisuus, sekavuus ja lihasheikkous ovat mahdollisia sivuvaikutuksia. Lääkkeen käytössä tulee noudattaa varovaisuutta jos potilas kärsii psykiatrisista ongelmista, epilepsiasta tai Parkinsonin taudista.

naprokseeni (Naprometin)

Naprokseenia käytetään moniin erilaisiin tulehduksellisiin vaivoihin sekä migreenin hoitoon ja profylaksiin. Sen etuna on esimerkiksi ibuprofeenia pidempi vaikutusaika, jonka ansiosta lääke vaatii harvempia annostuskertoja ja soveltuu paremmin yölliseen käyttöön.

Naprokseeniin liittyvästä kardiovaskulaarisesta riskistä on hyvin ristiriitaisia tuloksia, mutta FDA kehottaa varovaisuuteen.[4] Joka tapauksessa naprokseeni nostaa verenpainetta tulehduskipulääkkeeksi suhteellisen paljon, mistä on etua ortostaattisen hypotension hoidossa.[5] Monissa maissa naprokseeni on reseptivapaa valmiste.

piroksikaami (Felden)

Piroksikaamin etuna on se, että lääkettä tarvitsee ottaa vain kerran päivässä ja siltä kannalta se soveltuu hyvin jatkuvaan käyttöön. Piroksikaami on kuitenkin suhteellisen COX-1-selektiivinen ja siihen liittyy merkittävä vatsahaavan ja verenvuotojen riski. Myös sillä on melko suuri verenpainetta kohottava vaikutus.

meloksikaami (Mobic)

Myös meloksikaamille riittää annostelu kerran päivässä, mutta erona piroksikaamiin on se, että lääke on selvästi enemmän COX-2- kuin COX-1-selektiivinen ja siten vatsaystävällinen. Lähes kaikki tulehduskipulääkkeille yliherkät voivat käyttää meloksikaamia, mutta tämä pitäisi testata ennen käyttöä.[6]

etodolaakki (Lodine)

Etodolaakin etuna on hyvin vähäinen vatsahaavan riski useimpiin muihin tulehduskipulääkkeisiin verrattuna. Sitä otetaan yleensä kahdesti päivässä, joissain tapauksissa vain kerran. Sitä on käytetty Suomessakin jonkin verran CFS:n hoitoon, erityisesti jos potilas kärsii jatkuvasta kuumeilusta.

nimesulidi (Nimed)

Rakenteeltaan nimesulidi eroaa muista yleisesti käytetyistä tulehduskipulääkkeistä, mutta vaikutuksiltaan se on hyvin samanlainen. Sillä vaikuttaa olevan erityisen hyvä antipyreettinen vaikutus.[7] Nimesulidi on hyvin COX-2-selektiivinen ja muistuttaa siten vaikutukseltaan koksibeja. Ruoansulatuskanavan vuotojen riski on siis melko pieni. Lääkettä annostellaan yleensä kahdesti päivässä.

nabumetoni (Relifex)

Nabumetoni eroaa muista tulehduskipulääkkeistä siten, että se imeytyy mahalaukun sijasta vasta suolistossa ja siten vähentää ruoansulatuskanavan ärsytystä. Kokonaan se ei silti verenvuotoriskiä poista, sillä merkittävä osa tästä tulehduskipulääkkeiden haitasta välittyy systeemisesti. Lääkettä annostellaan yleensä kerran, joskus kahdesti päivässä. Koska nabumetoni sitoutuu voimakkaasti plasman proteiineihin, sillä saattaa olla yhteisvaikutuksia muiden merkittävästi proteiiniin sitoutuvien lääkkeiden kanssa.

diklofenakki (Voltaren)

Diklofenaakki on hyvin siedetty ja COX-2-selektiivisen vaikutuksen ansiosta sillä on tulehduskipulääkkeeksi vähäinen gastrointestinaalisten sivuvaikutusten riski. Päänsärky ja huimaus sekä kutina ovat kuitenkin suhteellisen yleisiä haittavaikutuksia. Annostelu tapahtuu yleensä 2-3 kertaa päivässä.

diklofenaakki ja misoprostoli (Arthrotec)

Arthrotecissä diklofenaakki on yhdistetty misoprostoliin, joka on vatsaa suojaava synteettinen prostaglandiinianalogi. Tällöin vatsahaavan ja verenvuotojen riski pienenee huomattavasti, mutta misoprostolilla on omat sivuvaikutuksensa. Se voi aiheuttaa ripulia eikä sitä saa määrätä hedelmällisessä iässä oleville naisille, ellei käytössä ole tehokasta ehkäisymenetelmää.

Diklofenaakki ei kuitenkaan ole kaikille potilaille paras tulehduskipulääke, jolloin voidaan harkita jonkin toisen tulehduskipulääkkeen käyttöä yhdessä erillisen misoprostolivalmisteen kanssa (kts. kohta Tukilääkkeet).

COX-2 -inhibiittorit

Toisin kuin tavalliset tulehduskipulääkkeet, COX-2-inhibiittorit eli koksibit vaikuttavat vain COX-2-entsyymiin eivätkä terapeuttisilla annoksilla juuri lainkaan COX-1:een. Täten ulkus- ja verenvuotoriski vähenee huomattavasti, mutta on silti edelleen olemassa, eikä ole merkittävästi pienempi verrattuna tavallisen tulehduskipulääkkeen käyttöön yhdessä protonipumpun estäjän kanssa.[8]

Koksibeja on käytetty eksperimentaalisesti monenlaisten sairauksien, mm. masennuksen[9], skitsofrenian[10] ja syövän[11] hoidossa ja niiden immunomodulatorisista vaikutuksista voi mahdollisesti CFS:ssäkin olla apua. Koksibeja voi käyttää myös käytännössä kaikilla tulehduskipulääkkeille yliherkillä potilailla, vaikka tätä ei suositellakaan. Ne ovat selvästi kalliimpia kuin useimmat muut tulehduskipulääkkeet.

Osa lääkäreistä suhtautuu koksibeihin CFS:n hoidossa varauksella niiden mahdollisten kardiovaskulaaristen sivuvaikutusten takia, sillä CFS:ään liittyy usein erilaisia sydänoireita ja jopa -vaurioita. Ei ole kuitenkaan olemassa näyttöä siitä, että koksibit olisivat erityisen haitallisia CFS-potilaille ja kaikkiin tulehduskipulääkkeisiin liittyy jonkinasteisia kardiovaskulaarisia riskejä. Ruoansulatuskanavan verenvuotoja lukuunottamatta koksibien sivuvaikutukset ovat samankaltaisia kuin tulehduskipulääkkeilläkin.

selekoksibi (Celebra)

Jacob Teitelbaumin mukaan selekoksibi toimii fibromyalgian hoidossa huomattavasti paremmin kuin vanhemmat tulehduskipulääkkeet.[12] Selekoksibi voi kasvattaa esimerkiksi dekstrometorfaanin, monien masennuslääkkeiden ja neuroleptien pitoisuuksia. Flukonatsolia käytettäessä selekoksibin annos pitäisi yleensä puolittaa.

etorikoksibi (Arcoxia)

Etorikoksibi on kaikkein COX-2-selektiivisin tulehduskipulääke. Se on hyvin pitkävaikutteinen ja sitä käytettäessä riittää yleensä yksi annostelukerta vuorokaudessa. Eräässä eläintutkimuksessa saatiin hyviä tuloksia kivun hoidossa yhdistämällä etorikoksibi tramadoliin.[13] Etorikoksibilla ei ole muita yhteisvaikutuksia muiden lääkkeiden kanssa kuin tulehduskipulääkkeille tyypilliset interaktiot.

Narkoottiset kipulääkkeet

Suurin osa CFS-potilaista kärsii jatkuvista kivuista. Useimmat potilaat saavat apua tulehduskipulääkkeistä, parasetamolista sekä erilaisista lääkeyhdistelmistä, mutta valitettava tosiasia on, että osa CFS-potilaista kärsii erittäin vaikeista ja invalidisoivista kiputiloista, joihin muut lääkkeet kuin opiaatit eivät tarjoa riittävää tehoa.

Monet CFS:ää hoitavat lääkärit ovat sitä mieltä, että narkoottiset kipulääkkeet ovat usein ainoa tehokas hoitomuoto CFS:n aiheuttamiin vaikeisiin kiputiloihin.[14, 15, 16] Pahimmillaan on jouduttu käyttämään jopa kipupumppua tai fentanyylilaastareita. Vaikeissa tapauksissa on syytä harkita potilaan ohjaamista kiputiloihin erikoistuneelle lääkärille.

Opioidien käyttöön liittyy paljon perusteettomia ennakkoluuloja. Niiden käyttöä on turha periaatteesta vältellä, sillä ne voivat merkittävästi parantaa potilaan elämänlaatua ja sivuvaikutukset ovat pitkäaikaiskäytössä vähäisempiä kuin tulehduskipulääkkeillä ja muilla kipua lievittävillä lääkkeillä.[17] Usein kipujen helpottuessa muutkin oireet lievittyvät.[18]

Addiktiota pahempana ongelmana narkoottisten lääkkeiden käytössä CFS-potilailla ovat niiden sivuvaikutukset, eli psykiatriset oireet, kutina, ummetus ja pahoinvointi. Yleensä pahoinvointi kuitenkin helpottaa ensimmäisten hoitopäivien jälkeen.

Ummetus voi olla vaikea ongelma, etenkin jos potilas on vuoteenoma (ja silloin helposti myös dehydroitunut), ja tällöin tarvitaan usein erillinen lääke vatsan toimintaan. Toisaalta osa CFS-potilaista kärsii kroonisesta ripulista.

Myös lisääntynyttä väsymystä ja masennusta voi esiintyä, mutta toisaalta nämä oireet voivat myös helpottua hoidon ansiosta. Voimakkaita opioideja ei saa määrätä vaikeaa astmaa tai muuta vaikeaa kroonista keuhkosairautta sairastaville. Keskushermostoa lamaavat aineet voivat lisätä narkoottisten kipulääkkeiden aiheuttamaa sedaatiota.

kodeiini ja parasetamoli (Panacod)
kodeiini ja ibuprofeeni (Ardinex)

Kodeiini on edullinen ja suhteellisen hyvä kipulääke krooniseen keskivaikeaan kipuun. Vaikutusaika on kuitenkin varsin lyhyt ja teho lisääntyy annosta kasvattamalla vain tiettyyn rajaan asti. Huonona puolena on myös se, että Suomessa kodeiinia on saatavilla ainoastaan yhdistelmävalmisteissa, joten sitä ei voida käyttää, jos potilas ei siedä ibuprofeenia eikä parasetamolia.

Jotkut lääkkeet kuten paroksetiini ja fluoksetiini estävät kodeiinin kehossa tapahtuvaa konversiota morfiiniksi ja siten tekevät lääkkeen lähes tehottomaksi. Jopa lähes 10%:lla kaukaasialaisista konversiota ei muutenkaan tapahdu, jolloin kodeiinista ei saada hyötyä.[19]

oksikodoni (Oxycontin)

Oksikodonia käytetään keskivaikean ja vaikean kivun hoitoon. Pitkävaikutteinen, pieniannoksinen Oxycontin on eräs lääkärien suosimista opioideista CFS-potilaiden hoidossa. Toisin kuin monien muiden lääkkeiden kanssa Oxycontinille riittää annostelu 12 tunnin välein. Tietyt SSRI-lääkkeet ja eräät muut lääkkeet voivat kohottaa oksikodonin plasmapitoisuuksia.

fentanyyli (Durogesic)

Fentanyyli on hyvin vahva opioidi, jota käytetään lähinnä syöpäpotilailla. Hinnaltaan se on kallis eikä sitä ei voida käyttää ellei potilaalla ole jo toleranssia opioideihin. Joskus CFS-potilaillakin on tarvetta näin vahvaan kivunlievitykseen.

Fentanyylilaastareiden etuna on erittäin pitkä vaikutusaika, 72 tuntia. Laastarit aiheuttavat usein ihon ärsytystä ja liima-aine voi aiheuttaa myös allergisia oireita. Vaikeaan läpilyöntikipuun voidaan käyttää Actiq-imeskelytabletteja, mutta nämä ovat hyvin kalliita. Fentanyyli voi nostaa kallonsisäistä painetta.

metadoni (Dolmed)

Metadonia käytetään yleensä vain hyvin voimakkaisiin kipuihin. Se on opioidivaikutuksensa lisäksi myös NMDA-reseptorin antagonisti[20], mikä sekin lievittää kipua ja voi hidastaa toleranssin kehittymistä. Lisäksi tästä vaikutuksesta voi olla hyötyä muidenkin CFS-oireiden hoidossa. Metadonin toinen hyvä puoli on edullinen hinta.

Metadonin puoliintumisaika on pitkä, mutta analgeettinen vaikutus on lyhytaikainen ja lääkettä pitää annostella useita kertoja päivässä. Myös metadoni voi nostaa kallonsisäistä painetta. Lisäksi sen käyttöön liittyy hypotension riski hypovolemian yhteydessä ja hypovolemia on CFS-potilailla hyvin yleistä.[21] Useat eri lääkkeet voivat joko pienentää tai suurentaa metadonin pitoisuuksia ja siten heikentää tehoa tai lisätä sivuvaikutusten määrää.

buprenorfiini (Temgesic)

Buprenorfiini eroaa monista muista narkoottisista kipulääkkeistä siten, että se on sekä opioidiagonisti että -antagonisti. Sen vaikutusaika on pidempi kuin useimmilla muilla opioideilla, mutta lyhyempi kuin pitkävaikutteisilla valmisteilla. Se saattaa toisinaan aiheuttaa verenpaineen laskua.

dekstropropoksifeeni (Abalgin)

Dekstropropoksifeeni on varsin heikkotehoinen opioidi ja sitä käytetään lähinnä lievään krooniseen kipuun. Myös se salpaa NMDA-reseptoria, mistä voi olla etua. CFS-lääkäri David Bellin mielestä dekstropropoksifeeni on kuitenkin opioidilääkkeistä huonoin, sillä hänen mukaansa sillä on voimakas addiktiopotentiaali suhteessa tehoon.[22]

tramadoli (Tramal)

Tramadoli on kipulääke, jolla on opioidivaikutuksen lisäksi myös serotonergistä, noradrenergistä ja GABAergistä vaikutusta. Se on nopeavaikutteinen, mutta parhaat tulokset saadaan jatkuvalla käytöllä. Tramadolin käytöstä fibromyalgian hoidossa on tehty tutkimus, jonka mukaan tramadolin ja parasetamolin yhdistelmä helpotti huomattavasti potilaiden kipuja.[23]

Monille CFS-potilaille tramadoli on kaikkein tehokkain särkylääke ja lisäksi se voi helpottaa myös univaikeuksia ja uupumusta.[24] Toisaalta siitä voi saada lisää energiaa ja se voi aiheuttaa unettomuutta, jos lääke otetaan liian myöhään päivällä.[25] Tramadoli vaikuttaa olevan myös hyvä lääke migreeniin, ainakin yhdessä parasetamolin kanssa.[26]

Usein tavanomainen 50 mg annos kahdesti päivässä aiheuttaa CFS-potilaille liian pahoja sivuvaikutuksia, mutta 25 mg annos kaksi tai kolme kertaa päivässä on yleensä paremmin siedetty.[27] Tramadolia ei suositella käytettäväksi epileptikoilla tai muilla potilailla, joilla on kohonnut kouristusriski. Serotonergisten vaikutusten takia sitä ei saa myöskään käyttää yhdessä MAO-estäjien tai trisyklisten masennuslääkkeiden kanssa.

1 Inaoka M, Kimishima M, Takahashi R ym. Non-steroidal anti-inflammatory drugs selectively inhibit cytokine production by NK cells and gamma delta T cells. Exp Dermatol. 2006 Dec;15(12):981-90.

2 http://www.geocities.com/cfsdays/nye-drs.htm

3 Mrak RE, Landreth GE. PPARgamma, neuroinflammation, and disease. J Neuroinflammation. 2004 May 14;1(1):5.

4 http://www.fda.gov/bbs/topics/news/2004/NEW01148.html

5 Forster HS. Naproxen reversal of nortriptyline-induced orthostatic hypotension. J Clin Psychiatry. 1989 Sep;50(9):356.

6 Domingo MV, Marchuet MJ ym. Meloxicam tolerance in hypersensitivity to nonsteroidal anti-inflammatory drugs. J Investig Allergol Clin Immunol. 2006;16(6):364-6.

7 Ulukol B, Koksal Y, Cin S. Assessment of the efficacy and safety of paracetamol, ibuprofen and nimesulide in children with upper respiratory tract infections. Eur J Clin Pharmacol. 1999 Nov;55(9):615-8.

8 http://www.medscape.com/viewarticle/457940_18

9 Muller N, Schwarz MJ, Dehning S ym. The cyclooxygenase-2 inhibitor celecoxib has therapeutic effects in major depression: results of a double-blind, randomized, placebo controlled, add-on pilot study to reboxetine. Mol Psychiatry. 2006 Jul;11(7):680-4.

10 Muller N, Ulmschneider M, Scheppach C ym. COX-2 inhibition as a treatment approach in schizophrenia: immunological considerations and clinical effects of celecoxib add-on therapy. Eur Arch Psychiatry Clin Neurosci. 2004 Feb;254(1):14-22.

11 Wilson KS. Clinical activity of celecoxib in metastatic malignant melanoma. Cancer Invest. 2006 Dec;24(8):740-6.

12 https://www.endfatigue.com/home.nsf/8db562925833d339852568a7004e27c 8/446fe60e7a2ae580852570dc0079b2a5

13 Singh VP, Patil CS, Kulkarni SK. Analysis of interaction between etoricoxib and tramadol against mechanical hyperalgesia of spinal cord injury in rats. Life Sci. 2006 Feb 9;78(11):1168-74.

14 http://www.co-cure.org/experts.htm

15 http://www.immunesupport.com/library/showarticle.cfm/ID/1009/

16 Verrillo Erica F, Gellman Lauren M. Chronic Fatigue Syndrome: A Treatment Guide. 1997. s. 194-195.

17 Horning MR. Chronic opioids: a reassessment.Alaska Med. 1997 Oct-Dec;39(4):103-10, 120.

18 http://www.cfids.org/archives/1998/pre-1999-article05.asp

19 http://idinchildren.com/200607/pharmconsult.asp

20 Inturrisi CE. Pharmacology of methadone and its isomers. Minerva Anestesiol. 2005 Jul-Aug;71(7-8):435-7.

21 Farquhar WB, Hunt BE, Taylor JA ym. Blood volume and its relation to peak O(2) consumption and physical activity in patients with chronic fatigue. Am J Physiol Heart Circ Physiol. 2002 Jan;282(1):H66-71.

22 http://www.immunesupport.com/library/showarticle.cfm/ID/3343/

23 Bennett RM, Kamin M, Karim R ym. Tramadol and acetaminophen combination tablets in the treatment of fibromyalgia pain: a double-blind, randomized, placebo-controlled study. Am J Med. 2003 May;114(7):537-45.

24 Verrillo Erica F, Gellman Lauren M. Chronic Fatigue Syndrome: A Treatment Guide. 1997. s. 194

25 http://www.immunesupport.com/library/showarticle.cfm/ID/4337/

26 Silberstein SD, Freitag FG, Rozen TD ym. Tramadol/acetaminophen for the treatment of acute migraine pain: findings of a randomized, placebo-controlled trial. Headache. 2005 Nov-Dec;45(10):1317-27.

27 http://www.wfprofessional.com/treatment.htm

3. Antikonvulsantit

CFS:n neurologisiin oireisiin voi sisältyä kouristusaktiviteettia. Toonis-klooniset kouristukset ovat harvinaisia, mutta poissaolokohtauksia esiintyy monilla potilailla. Myös erilaisia atyyppisiä kouristuksia tavataan. Epilepsialääkkeitä käytetään kuitenkin CFS:n hoidossa yleensä muista syistä. Niistä voi olla apua esimerkiksi erilaisten kipujen (erityisesti neuropatia), päänsäryn, migreenin, unihäiriöiden, masennuksen ja ahdistuksen lievittämisessä. Tietyt antikonvulsantit saattavat helpottaa myös uupumusta ja flunssankaltaisia oireita.

karbamatsepiini (Tegretol)

Karbamatsepiinia käytetään epilepsian lisäksi lähinnä kaksisuuntaisen mielialahäiriön hoitoon, mutta myös diabeettiseen neuropatiaan. Sitä on hyödynnetty jonkin verran myös CFS:n hoidossa, vaikka uudemmat antikonvulsantit ovatkin paljolti syrjäyttäneet sen vähäisempien sivuvaikutuksien ansiosta. CFS-potilailla karbamatsepiini voi auttaa kognitiivisiin vaikeuksiin sekä jatkuvaan päänsärkyyn ja muihin kipuihin[1], varsinkin neuropaattiseen kipuun sekä siihen liittyviin parestesioihin.[2]

Karbamatsepiini tehoaa hyvin erityisesti terävään ja viiltävään neuropaattiseen kipuun. Siitä voi olla apua myös masennukseen, migreenin profylaksiin sekä levottomat jalat -oireyhtymään.[3] CFS:ssä käytetty annos vaihtelee 100 milligrammasta kahdesti päivässä aina 1 200 mg päiväannokseen asti.[4] Suurimmillakin annoksilla lääkkeen hinta pysyy edullisena.

Käyttöä kuitenkin rajoittaa vakavien sivuvaikutusten, kuten verenkuvan muutosten, Stevens-Johnsonin oireyhtymän ja maksavaurioiden mahdollisuus. Muita mahdollisia sivuvaikutuksia ovat esimerkiksi huimaus, päänsärky, uneliaisuus, pahoinvointi, painonnousu ja ihottumat.

Lisäksi karbamatsepiinilla on metaboliareittinsä takia yhteisvaikutuksia monien muiden lääkkeiden kanssa ja monet lääkkeet voivat vaikuttaa sen plasmapitoisuuksiin. Karbamatsepiini puolestaan voi vaikuttaa mm. bentsodiatsepiinien, kortikosteroidien, trisyklisten masennuslääkkeiden, kalsiuminestäjien, neuroleptien sekä ehkäisypillereiden metaboliaan.

okskarbatsepiini (Trileptal)

Okskarbatsepiinilla on karbamatsepiiniin verrattuna vähemmän vaikutusta maksan toimintaan, mikä on selkeä etu hoidettaessa CFS-potilaita, joilla on usein muutenkin ongelmia maksan kanssa. Muuten sen vaikutukset ja käyttöindikaatiot ovat samanlaiset kuin karbamatsepiinilla eikä hintakaan ole merkittävästi korkeampi. Jacob Teitelbaum käyttää neuropaattisen kivun hoidossa okskarbatsepiiniä 150-300 mg kahdesti päivässä.[5]

natriumvalproaatti (Deprakine)
natriumvalproaatti ja valproiinihappo (Deprakine Depot)

Jay Goldstein käyttää valproiinihappoa CFS-potilaiden ahdistuksen ja paniikkihäiriön hoitoon.[6] Natriumvalproaattia voidaan käyttää myös migreenin ehkäisyyn. Valproaatilla on useita mahdollisia vakavia, mutta onneksi harvinaisia komplikaatioita.kuten haimatulehdus ja munasarjojen monirakkulatauti. Sitä ei saa käyttää, jos potilaalla on maksasairaus.

Tavallisimpia haittavaikutuksia ovat kuitenkin vatsavaivat, jotka ovat yleensä lieviä ja ohimeneviä. Painon nousu on mahdollista. Valproaatti saattaa voimistaa mm. masennuslääkkeiden, neuroleptien, bentsodiatsepiinien ja karbamatsepiinin vaikutusta ja nostaa mm. nimodipiinin ja lamotrigiinin pitoisuuksia. Asetyylisalisyylihappo ja erytromysiini voivat kohottaa valproaatin pitoisuuksia.

gabapentiini (Neurontin)

Gabapentiiniä on käytetty moneen muuhunkin tarkoitukseen kuin vain antikonvulsanttina. Neuropaattiseen kipuun sitä määrätään jo yleisesti, mutta lisäksi sitä on käytetty esimerkiksi masennukseen, paniikkihäiriöön ja kaksisuuntaiseen mielialahäiriöön. Se tehoaa parhaiten neuropaattiseen kipuun, jos kipu on luonteeltaan polttelevaa.

Lääkäri Jay Goldstein käyttää CFS-potilailla vain 200-600 mg päiväannosta, joka hänen mukaansa saattaa helpottaa uupumusta jo yhden tabletin jälkeen[7], mutta yleensä käytössä on 900-1800 milligramman päiväannos.[8] Joillain potilailla jo 100 mg voi tarjota apua, mutta Suomessa näin pieniä kapseleita ei ole saatavilla.

Gabapentiinistä vaikuttaa olevan apua hyvin erilaisiin vaivoihin. Se näyttäisi olevan tehokas lihaskramppien lievittämisessä[9] ja saattaa parantaa unen laatua.[10] Jotkut lääkärit käyttävätkin sitä myös CFS-potilaiden yönten parantamiseen.[11] Gabapentiini myös vähentää vaihdevuosiin ja muihin hormonaalisiin ailahteluihin liittyviä kuumia aaltoja[12] ja siksi on esitetty, että se voisi yleisestikin auttaa tasaamaan kehon lämpötilaa. Lisäksi se voi lievittää interstitiaalin kystiitin oireita.[13]

Suurin osa potilaista sietää lääkettä hyvin, osalle siitä tulee huomattaviakin haittavaikutuksia. Toisilla CFS-potilailla kognitiiviset vaikeudet helpottavat selvästi, osa potilaista taas kokee niiden pahentuvan ja psykiatriset sivuvaikutukset

31

voivat olla hyvinkin erikoisia. Huimaus ja lisääntynyt uupumus ovat yleisiä sivuvaikutuksia. Usein sivuvaikutukset helpottavat ajan myötä.

pregabaliini (Lyrica)

Pregabaliini on gabapentiinin kaltainen epilepsialääke, jota käytetään paljon myös neuropaattisen kivun ja ahdistuksen hoidossa. Eräässä kaksoissokkotutkimuksessa pregabaliini lievitti ahdistusta 600 mg päiväannoksella lähes yhtä hyvin kuin alpratsolaami ja 150 mg annoksellakin vain hieman vähemmän.[14] Tuloksia alkoi näkyä jo ensimmäisellä viikolla. Pregabaliini parantaa unen laatua ja vähentää yöheräilyä.[15] Sitä on kokeiltu fibromyalgian hoitoon hyvin tuloksin 450 mg päiväannoksella.[16]

Kuten gabapentiiniäkin, myös pregabaliinia on käytetty hyvin vaihtelevilla annoksilla CFS:n hoidossa. Osa potilaista voi saada apua jo yhdestä 25 mg kapselista päivässä. Pienemmillä annoksilla lääke on edullinen, mutta suuremmilla jo varsin hintava. Pregabaliinin sivuvaikutukset ovat samankaltaisia kuin muilla GABA-johdannaisilla. Huimaus ja uneliaisuus ovat yleisimpiä haittavaikutuksia. Pregabaliini saattaa lisätä oksikodonin ja loratsepaamin sedatiivista vaikutusta.

vigabatriini (Sabrilex)

Vigabatriini on epilepsialääke, joka hidastaa GABA:n hajoamista. Myös sitä on käytetty neuropaattisen kivun ja ahdistuksen hoidossa. Uneliaisuus ja uupumus ovat selvästi yleisimpiä sivuvaikutuksia. Myös päänsärkyä, huimausta, hermostuneisuutta, masennusta, muistihäiriöitä ja näköhäiriöitä esiintyy muutamalla prosentilla käyttäjistä. Vigabatriini voi laskea karbamatsepiinin pitoisuuksia.

tiagabiini (Gabitril)

Tiagabiinia käytetään kroonisen kivun hoitoon, mutta pienillä annoksilla se näyttää myös parantavan unen laatua.[17] Erään tutkimuksen mukaan kipua lievittävä vaikutus oli samaa luokkaa kuin gabapentiinillä, mutta unen laatu parani huomattavasti paremmin tiagabiinilla.[18] Lisäksi siitä voi olla apua ahdistukseen.[19]

Jacob Teitelbaum aloittaa lääkkeen käytön kahdesti päivässä otettavalla 2 mg annoksella, jota voi tarvittaessa kasvattaa 24 mg:aan asti, mutta hänen mielestään 8-16 mg on yleensä CFS-potilaille sopiva annos.[20] Lucinda Bateman taas käyttää CFS-potilaillaan pienempää 2-12 mg annostusta.[21]

Tiagabiinilla ei juuri ole yhteisvaikutuksia muiden lääkeaineiden kanssa lukuunottamatta muita epilepsialääkkeitä. Kuten muutkin GABA-johdannaiset se saattaa aiheuttaa väsymystä ja huimausta erityisesti hoidon alkuvaiheessa. Myös pahoinvointi ja erilaiset psykiatriset sivuoireet kuten masennus ja hermostunei-suus ovat yleisiä, mutta vaikeammat häiriöt ovat harvinaisia. Pienemmät, muuta-man milligramman annokset aiheuttavat haittavaikutuksia vain harvoin.

lamotrigiini (Lamictal)

Lamotrigiiniä käytetään toisinaan kroonisen, erityisesti neuropaattisen kivun hoitoon. Se voi myös helpottaa selkäkipuja.[22] Jostain syystä moni CFS-potilas saa huomattavaa apua yleistilaansa juuri lamotrigiinistä. Parhaimmillaan sairaus voi lähes parantua.[23] Lamotrigiini voi parantaa unen laatua erityisesti lisäämällä REM-unen määrää.[24] CFS:n hoidossa käytetty päiväannos vaihtelee Jay Gold-steinin käyttämästä 25-50 milligrammasta aina 300-400 mg annokseen asti. Jacob Teitelbaumin mielestä alle 200 mg päiväannokset eivät ole riittäviä.[25]

Hoidossa on syytä pitää mielessä hengenvaarallisen ihottuman mahdollisuus ja aloittaa hoito hyvin pienellä annoksella. Teitelbaum suosittaa kasvattamaan annosta vain 25 mg viikossa. Päänsärky, huimaus ja näköhäiriöt ovat hyvin ylei-siä sivuvaikutuksia. Myös ärtyneisyyttä, pahoinvointia, vatsavaivoja, uneliai-suutta, unettomuutta ja vapinaa esiintyy usein. Monet muut epilepsialääkkeet voivat joko hidastaa tai nopeuttaa lamotrigiinin metaboliaa.

topiramaatti (Topimax)

Myös topiramaatti näyttää soveltuvan neuropaattisen kivun hoitoon.[26] Jacob Tei-telbaumin mukaan siitä on apua monille potilaille, joille muut hoidot eivät ole tehonneet.[27] Hän suosittelee tähän käyttöön 200-300 mg päiväannosta, mutta hä-nen mukaansa sivuvaikutukset ovat lievempiä jos hoito aloitetaan pienellä an-noksella (25-50 mg) jota vähitellen kasvatetaan. Migreenin ehkäisyyn hän suo-sittelee pienempää, 50-100 mg päiväannosta. Lucinda Batemanin CFS:n hoidos-sa käyttämä annos vaihtelee välillä 12,5-150 mg[28] ja Jay Goldsteinin suositus on 25-50 mg.[29]

Mahdollisia sivuvaikutuksia ovat esimerkiksi parestesiat, vatsavaivat, kogni-tiiviset ongelmat sekä painon lasku, joka tietysti ei kaikille ole ongelmallista. Pahoinvointia voi esiintyä, mutta se yleensä helpottaa käytön kuluessa. Myös to-piramaatti on varsin kohtuuhintainen pienillä annoksilla, mutta suuremmilla kus-tannukset kasvavat selvästi.

levetirasetaami (Keppra)

Kuten useimpia muitakin epilepsialääkkeitä, myös levetirasetaamia on käytetty neuropaattisen kivun hoidossa.[30] Eräässä tutkimuksessa levetirasetaami paransi terveiden koehenkilöiden unen laatua ja määrää ja vähensi yöheräilyä lisäämättä päiväväsymystä.[31] Siitä voi olla apua myös levottomat jalat -oireiluun.[32] Muiden epilepsialääkkeiden lailla se soveltuu migreenin ehkäisyyn. Eräässä tutkimuksessa levetirasetaamilla saatiin jopa lähes puolet aurallista migreeniä sairastavista poitilaista kokonaan remissioon.[33]

Levetirasetaami on hyvin siedetty verrattuna useimpiin muihin antikonvulsantteihin, eikä sillä ole juurikaan yhteisvaikutuksia muiden lääkkeiden kanssa. Erilaiset psykiatriset ja neurologiset sivuoireet ovat kuitenkin mahdollisia. Yleisimpiä sivuvaikutuksia ovat uneliaisuus ja heikotus. Näyttää siltä, että sivuvaikutuksia voidaan selvästi helpottaa B6-vitamiinilisällä.[34] Etenkin suuremmilla annoksilla lääkkeenhinta nousee melko kalliiksi.

tsonisamidi (Zonegran)

Tsonisamidi poikkeaa rakenteeltaan ja vaikutukseltaan muista epilepsialääkkeistä. Se salpaa natrium- ja kalsiumkanavia ja sillä on myös dopaminergistä ja serotonergistä vaikutusta. Kuten muitakin antikonvulsantteja, myös tsonisamidia voidaan käyttää kroonisen kivun hoidossa.[35] Lisäksi sitä on kokeiltu hyvin tuloksin myös laihdutuksen tukilääkkeenä[36] sekä Parkinsonin taudin hoidossa.[37]

Jacob Teitelbaum ohjeistaa käyttämään 100 mg päivässä ensimmäiset kaksi viikkoa ja kasvattamaan annostusta sitten 200 milligrammaan.[38] Lucinda Bateman on samoilla linjoilla ja käyttää 100-200 mg annosta unen saamiseksi.[39] Tsonisamidia käytetään toisinaan myös migreenin estolääkityksenä[40], vaikka kaikissa tutkimuksissa tästä ei olekaan saatu tilastollisesti merkittäviä tuloksia.

Tsonisamidi on yleensä hyvin siedetty, vaikka uneliaisuus ja huimaus ovat sitäkin käytettäessä mahdollisia. Ärtyneisyys ja ruokahaluttomuus ovat yleisimpiä sivuvaikutuksia. Tsonisamidi ei yleensä aiheuta painonnousua, vaan joillain potilailla paino voi laskea hoidon aikana.

Tsonisamidilla voi olla yhteisvaikutuksia karbamatsepiinin, natriumvalproaatin ja asetatsolamidin kanssa. Potilaiden on suositeltavaa juoda paljon vettä munuaiskivien estämiseksi ja lääkkeen käyttöä tulisi harkita tarkkaan, jos potilaalla on muita munuaiskiville altistavia tekijöitä.

1 Berne Katrina. Running on Empty: The Complete Guide to Chronic Fatigue Syndrome. 1995. s. 194, 199-201.

2 http://www.sehd.scot.nhs.uk/mels/HDL2003_02report.pdf

3 http://home.vicnet.net.au/~mecfs/general/oldmeadow.html

4 http://www.immunesupport.com/library/showarticle.cfm/ID/3343/

5 https://www.endfatigue.com/home.nsf/8db562925833d339852568a7004e27c 8/446fe60e7a2ae580852570dc0079b2a5

6 http://home.vicnet.net.au/~mecfs/general/goldstein_treatment.html

7 http://home.vicnet.net.au/~mecfs/general/goldstein_treatment.html

8 http://www.immunesupport.com/library/showarticle.cfm/ID/3343/

9 Serrao M, Rossi P, Cardinali P ym. Gabapentin treatment for muscle cramps: an open-label trial. Clin Neuropharmacol. 2000 Jan-Feb;23(1):45-9.

10 Placidi F, Diomedi M, Scalise A ym. Effect of anticonvulsants on nocturnal sleep in epilepsy. Neurology. 2000;54(5 Suppl 1):S25-32.

11 http://www.co-cure.org/experts.htm

12 Reddy SY, Warner H, Guttuso T Jr. ym. Gabapentin, estrogen, and placebo for treating hot flushes: a randomized controlled trial. Obstet Gynecol. 2006 Jul;108(1):41-8.

13 Sasaki K, Smith CP, Chuang YC ym. Oral gabapentin (neurontin) treatment of refractory genitourinary tract pain. Tech Urol. 2001 Mar;7(1):47-9.

14 Pande AC, Crockatt JG, Feltner DE ym. Pregabalin in generalized anxiety disorder: a placebo-controlled trial. Am J Psychiatry. 2003 Mar;160(3):533-40

15 Hindmarch I, Dawson J, Stanley N ym. A double-blind study in healthy volunteers to assess the effects on sleep of pregabalin compared with alprazolam and placebo. Sleep. 2005 Feb 1;28(2):187-93.

16 Crofford LJ, Rowbotham MC, Mease PJ ym. Pregabalin for the treatment of fibromyalgia syndrome: results of a randomized, double-blind, placebo-controlled trial. Arthritis Rheum. 2005 Apr;52(4):1264-73.

17 Roth T, Wright KP Jr, Walsh J. Effect of tiagabine on sleep in elderly subjects with primary insomnia: a randomized, double-blind, placebo-controlled study. Sleep. 2006 Mar 1;29(3):335-41.

18 Todorov AA, Kolchev CB, Todorov AB. Tiagabine and gabapentin for the management of chronic pain. Clin J Pain. 2005 Jul-Aug;21(4):358-61.

19 Schwartz TL, Azhar N, Husain J ym. An open-label study of tiagabine as augmentation therapy for anxiety. Ann Clin Psychiatry. 2005 Jul-Sep;17(3):167-72.

20 https://www.endfatigue.com/home.nsf/8db562925833d339852568a7004e27c8/446fe60e7a2ae580852570dc0079b2a5

21 http://www.offerutah.org/batemanarticle.html

22 https://www.endfatigue.com/home.nsf/8db562925833d339852568a7004e27c8/446fe60e7a2ae580852570dc0079b2a5

23 http://www.remedyfind.com/ratinglong.aspx?RatingID=17605

24 Placidi F, Diomedi M, Scalise A ym. Effect of anticonvulsants on nocturnal sleep in epilepsy. Neurology. 2000;54(5 Suppl 1):S25-32.

25 https://www.endfatigue.com/home.nsf/8db562925833d339852568a7004e27c8/446fe60e7a2ae580852570dc0079b2a5

26 Guay DR. Oxcarbazepine, topiramate, zonisamide, and levetiracetam: potential use in neuropathic pain. Am J Geriatr Pharmacother. 2003 Sep;1(1):18-37.

27 https://www.endfatigue.com/home.nsf/8db562925833d339852568a7004e27c8/446fe60e7a2ae580852570dc0079b2a5

28 http://www.offerutah.org/batemanarticle.html

29 http://www.ncf-net.org/forum/jay.htm

30 Price MJ. Levetiracetam in the treatment of neuropathic pain: three case studies. Clin J Pain. 2004 Jan-Feb;20(1):33-6.

31 Cicolin A, Magliola U, Giordano A ym. Effects of levetiracetam on nocturnal sleep and daytime vigilance in healthy volunteers. Epilepsia. 2006 Jan;47(1):82-5.

32 Della Marca G, Vollono C, Mariotti P ym. Levetiracetam can be effective in the treatment of restless legs syndrome with periodic limb movements in sleep: report of two cases. J Neurol Neurosurg Psychiatry. 2006 Apr;77(4):566-7.

33 Brighina F, Palermo A, Aloisio A ym. Levetiracetam in the prophylaxis of migraine with aura: a 6-month open-label study. Clin Neuropharmacol. 2006 Nov-Dec;29(6):338-42.

34 http://www.aesnet.org/Visitors/AnnualMeeting/Abstracts/dsp_Abstract.cfm?id=3367

35 Krusz JC. Treatment of chronic pain with zonisamide. Pain Pract. 2003 Dec;3(4):317-20.

36 Gadde KM, Franciscy DM, Wagner HR 2nd ym. Zonisamide for weight loss in obese adults: a randomized controlled trial. JAMA. 2003 Apr 9;289(14):1820-5.

37 Murata M, Horiuchi E, Kanazawa I. Zonisamide has beneficial effects on Parkinson's disease patients. Neurosci Res. 2001 Dec;41(4):397-9.

38 https://www.endfatigue.com/home.nsf/8db562925833d339852568a7004e27c
8/446fe60e7a2ae580852570dc0079b2a5

39 http://www.offerutah.org/batemanarticle.html

40 Drake ME Jr, Greathouse NI, Renner JB ym. Open-label zonisamide for refractory migraine. Clin Neuropharmacol. 2004 Nov-Dec;27(6):278-80.

4. Mikrobilääkkeet

Antibiootit

Antibiooteista voi olla apua kroonisen väsymysoireyhtymän hoidossa, jos sairauden takana on tai oireita pahentaa krooninen bakteeri-infektio (esimerkiksi klamydia, mykoplasma tai borrelia). Erityisesti mykoplasman[1,2] ja Chlamydia pneumoniaen[3] osuudesta on näyttöä. Monet bakteeri-infektiot eivät näy luotettavasti normaaleissa verikokeissa. Siksi moniakaan infektioita ei pystytä täysin poissulkemaan ja osa lääkäreistä suosittaakin antibiootin kokeilemista joka tapauksessa.

Hoitoon käytetään yleensä tetrasykliinejä tai makrolidejä niiden parhaan tehon vuoksi. Molemmilla näistä lääkkeistä on myös anti-inflammatorista vaikutusta. CFS:n hoitoon kuitenkin on kokeiltu ja käytetty lähes kaikkia saatavilla olevia antibiootteja ja tässä listassa on lueteltu niistä vain tärkeimmät. Olennaista on, että hoidon on oltava riittävän pitkä ja annoksen riittävän suuri, jotta hyödyt voidaan arvioida. Joihinkin bakteereihin suositellaan jopa vuoden mittaista hoitoa.

Eri lääkäreillä on erilaisia protokollia, riippuen myös siitä, millaista bakteeria ollaan häätämässä. Osa käyttää samaa lääkettä yhteen menoon useita kuukausia, joskus hoito on pulssiluontoista. Toisinaan käytössä on useampia antibiootteja yhtä aikaa tai antibiootti vaihdetaan säännöllisesti. Ns. Marshall-protokollassa hoitoon yhdistetään olmesartaani sekä D-vitamiinin välttely, jotta päästäisiin eroon immuunijärjestelmää pakoilevista nanobakteereista, mutta hoidon tehosta ja turvallisuudesta ei ole tutkimusnäyttöä.[4]

Alussa oireet voivat pahentua huomattavastikin ja uusiakin oireita voi ilmetä, mutta vähitellen sairaus alkaa helpottaa, jos sen takana on ollut bakteeri-infektio. Ellei antibiootilla tunnu parin kuukauden hoidon jälkeen olevan mitään vaikutusta, sitä tuskin kannattaa jatkaa. Jos on vankka epäilys sairauden bakteerialkuperästä, silloin kannattaa harkita vaihtoa toiseen antibioottiin tai useamman antibiootin yhtäaikaista käyttöä.

doksisykliini (Doximycin)

Tetrasykliinit ovat laajakirjoisia antibiootteja, jotka tehoavat lähes kaikkiin bakteereihin, mukaanlukien mykobakteerit ja borrelia. Niistä CFS:n hoidossa käytetään lähinnä doksisykliiniä sekä minosykliiniä, jota ei Suomessa vielä ole saatavilla. Molemmat läpäisevät hyvin veriaivoesteen toisin kuin tetrasykliini. Esimerkiksi CFS-asiantuntija David Bell suosii doksisykliiniä.[5] Eräässä tutkimuksessa Coxiella burnetiille positiivisia CFS-potilaita hoidettiin doksisykliinillä.[6]

Bakteeria ei enää löytynyt, mutta oireet eivät helpottaneet.

Tetrasykliineillä on myös anti-inflammatorista vaikutusta, jota on käytetty hyväksi tulehduksellisia sairauksia hoidettaessa.[7] Tästä vaikutuksesta voi olla apua myös CFS:ssä. Monien CFS-lääkäreiden mukaan doksisykliini voi antaa CFS-potilaille lisää energiaa.[8] Yleensä käytetty annostus on suhteellisen suuri, 200-300 mg päivässä.

Yleisimmät sivuvaikutukset ovat pahoinvointi ja oksentelu. Myös valoherkkyyttä ja hiivatulehduksia voi esiintyä. Harvinaisempi sivuvaikutus on hyvänlaatuinen aivopaineen kohoaminen. Mm. karbamatsepiini voi nopeuttaa doksisykliinin eliminaatiota ja siten heikentää sen terapeuttista tehoa. Doksisykliini voi puolestaan lisätä antikoagulanttien vaikutusta. Muiden antibioottien lailla se saattaa heikentää ehkäisypillereiden tehoa.

atsitromysiini (Zithromax)

Makrolidit tehoavat useimpiin bakteereihin, joita epäillään CFS:n syyksi. Lisäksi niillä on anti-inflammatorista vaikutusta, minkä takia niitä on kokeiltu mm. astman ja kystisen fibroosin hoidossa.[9] Eräässä tutkimuksessa 99 CFS-potilaasta 58 sai helpotusta oireisiinsa atsitromysiinillä.[10] Annostuksena on CFS:n hoidossa yleensä 500 mg päivässä, tosin lääkäri Charles Wheldon määrää potilailleen vain 250 mg kolmesti viikossa.[11]

Atsitromysiini on turvallinen ja hyvin siedetty lääke, joskin sekin voi aiheuttaa vatsavaivoja. Lääkkeen ottaminen ruoan kanssa kuitenkin huonontaa imeytymistä selvästi ja siksi se pitäisikin ottaa kaksi tuntia ennen ja jälkeen aterian. Tämä saattaa aiheuttaa ongelmia hypoglykemiasta kärsiville potilaille, jotka syövät pieniä annoksia pitkin päivää. Myös atsitromysiini voi lisätä antikoagulanttien vaikutusta. Lääkkeen käyttöä ei suositella yhdessä ergotamiinin kanssa. Hinnaltaan se on selvästi esimerkiksi doksisykliiniä kalliimpi.

klaritromysiini (Klacid)

Klaritromysiini on atsitromysiiniä vähemmän tehokas joihinkin gramnegatiivisiin bakteereihin, mutta etuna on hyvä teho moniin mykobakteereihin. CFS:n hoidossa sitä käytetään usein maksimiannoksella 1 000 mg päivässä. Hinta, haittavaikutukset ja yhteisvaikutukset ovat samankaltaiset kuin atsitromysiinillä.

metronidatsoli (Flagyl)

Metronidatsoli on nitroimidatsolijohdos, joka tehoaa useimpiin anaerobisiin bakteereihin. Sen etuna on hyvä läpäisevyys kehon kaikkiin kudoksiin ja lipofiilisenä se läpäisee hyvin myös veriaivoesteen. Myös hinta on edullinen.

Metronidatsolia on käytetty kroonisen borrelioosin hoitoon ja monet lääkärit pitävät sitä parhaana lääkkeenä tähän tarkoitukseen, erityisesti yhdessä muiden antibioottien kanssa.[12] Lääkäri Charles Wheldon käyttää metronidatsolipulsseja yhdessä jatkuvasti annettavien doksisykliinin ja roksitromysiinin tai klaritromysiinin kanssa kroonisen Chlamydia pneumoniae -infektion parantamiseen.[13]

Metronidatsoli soveltuu myös suoliston bakteeriston liikakasvun hoitoon ja helikobakteerin häätämiseen. Vastoin yleistä uskomusta helikobakteeri voi kolonisoida muitakin kehon osia kuin mahalaukun.[14] Suolistovaivat ovat metronidatsolin yleisin haittavaikutus. Lisäksi voi esiintyä pahoinvointia ja oksentelua, ihooireita sekä neurologisia ja psykiatrisia oireita. Pitkäaikaisessa käytössä suositellaan yleensä veriarvojen seurantaa.

Antiviraalit

Vaikka useimmat tutkijat eivät enää uskokaan herpesvirusten olevan kroonisen väsymysoireyhtymän syy, saattaa CFS:ssä silti esiintyä herpesvirusten (esim. EBV, CMV, HHV-6) reaktivaatiota joka voi aiheuttaa ainakin osan oireista.[15, 16, 17] Edelleen on myös teorioita siitä, että EBV tai CMV olisivat CFS:n takana, yhdessä tai erikseen.[18] Moni potilas saa huomattavaa apua antiherpesviraaleista.[19] Onpahan antiviraalien käytöstä CFS:n hoidossa kirjoitettu kirjakin.[20]

Antiviraalien käyttöön liittyy kuitenkin useita ongelmia. Useilla antiherpesviraaleilla on paljon sivuvaikutuksia ja toksisuutta, joskin CFS-potilaat tuntuvat sietävän niitä varsin hyvin. Lisäksi ne ovat erittäin kalliita ja monet niistä pitää annostella suonensisäisesti. Antiviraaleilla ei myöskään yleensä voida päästä viruksista kokonaan eroon ja siten ne eroavat muista mikrobilääkkeistä. Joskus CFS:n hoidossa on kuitenkin saatu pysyviäkin tuloksia.

asikloviiri (Zovirax)

Asikloviiriä käytetään lähinnä herpes simplex- ja varicella zoster -viruksiin, mutta sillä on tehoa myös sytomegalovirusta ja Epstein-Barrin virusta kohtaan. Sitä on kokeiltu CFS:n hoidossa jo 80-luvulla. Pienehkö kaksoissokkotutkimus vuodelta 1988 ei saanut merkittäviä tuloksia asikloviirin käytössä CFS:ää sairastavilla, joilla oli viitteitä kroonisesta EBV-infektiosta, vaikka osa potilaista kokikin olonsa paremmaksi.[21] Tuloksia on kuitenkin kritisoitu vääristyneiksi kyseenalaisten tutkimusmenetelmien takia.[22]

Myöhempiä tutkimuksia ei ilmeisesti ole tehty, mutta asikloviiriä käytetään edelleen jonkin verran CFS:n hoidossa. Ainakin CFS:ään usein liittyvä vyöruusu on syytä hoitaa asikloviirillä. Yleensä lääkettä annostellaan suun kautta otettaessa jopa 3-5 kertaa vuorokaudessa. Päänsärky ja vatsavaivat ovat yleisimpiä sivuvaikutuksia. Väsymystä ja neurologisia oireita saattaa esiintyä. Harvoin voi ilmaantua allergisia reaktioita tai verenkuvan muutoksia.

valasikloviiri (Valtrex)

Valasikloviiri imeytyy paremmin kuin asikloviiri, eikä sitä tarvitse annostella yhtä usein. Eräässä tutkimuksessa valasikloviiriä annettiin kuuden kuukauden ajan 16:lle CFS-potilaalle, joiden verestä löytyi itsepintainen EBV-infektio, ja he tulivat parempaan kuntoon.[23] Yhdeksän muuta potilasta oli samanaikaisesti EBV:n ja CMV:n infektioimia, eivätkä he hyötyneet hoidosta.

Toisessa tutkimuksessa 11 potilaalle joilla oli yhtäaikainen EBV- ja CMV-infektio annettiin sekä valasikloviiriä että gansikloviiriä. Kaikkien terveydentila koheni, eikä kenellekään aiheutunut merkittäviä haittavaikutuksia.[24]

gansikloviiri (Cymevene)

Gansikloviiri on rakenteeltaan hyvin samanlainen kuin asikloviiri, mutta tehoaa huomattavasti paremmin sytomegalovirukseen. Sillä on osoitettu olevan tehoa myös Epstein-Barrin virusta, HHV-6:ta ja HHV-8:aa kohtaan. Eräässä pienessä tutkimuksessa 18 potilaasta 13:n tila helpotti huomattavasti 30 päivän gansiklo-viirihoidon jälkeen.[25] Gansikloviiriä on annettu hyvin tuloksin myös yhdessä valasikloviirin kanssa.[26]

Suun kautta otettuna gansikloviiri imeytyy erittäin huonosti, minkä takia se joudutaan käytännössä antamaan suonensisäisesti, vähintään viitenä päivänä viikossa. Ripuli ja lievät verenkuvan muutokset ovat yleisimpiä sivuvaikutuksia. Lisäksi voi esiintyä luuydinlamaa, huonovointisuutta, ripulia, iho-oireita, erilaisia kipuja ja keskushermosto-oireita.

valgansikloviiri (Valcyte)

Valgansikloviiri muuttuu elimistössä gansikloviiriksi, joten vaikutukset ja sivuvaikutukset ovat samanlaisia kuin gansikloviirillä. Gansikloviiriin verrattuna etuna on, että lääkettä voi annostella myös oraalisesti. Valgansikloviirin käytöstä CFS:ään ollaan saatu hyviä tuloksia Stanfordin yliopistossa suoritetussa tutkimuksessa, jossa peräti 21 valgansikloviiriä saaneista 25 potilaasta sai huomattavaa apua lääkkeestä.[27] Pienemmästä potilasaineistosta julkaistiin myös tieteellinen artikkeli.[28]

Mielenkiintoista oli se, että vaikutus tuntui kestävän vielä senkin jälkeen, kun useita kuukausia kestänyt hoito lopetettiin. Ilmeisesti hoito auttaa useammin niitä potilaita, joiden sairaus on alkanut äkillisellä flunssatyyppisellä infektiolla. Yliopisto on saanut määrärahat myös kaksoissokkotutkimukseen aiheesta. Valgansikloviirillä on saanut hyviä tuloksia potilaillaan myös mm. lääkäri Dale Guyer.[29]

famsikloviiri (Famvir)

Famsikloviiri imeytyy hyvin suun kautta annosteltuna ja ja muuttuu elimistössä pensikloviiriksi, joka on asikloviiriä pitkävaikutteisempi. Sitä käytetään lähinnä herpes simplex ja varicella zoster -infektioihin, mutta se tehoaa myös joihinkin muihin herpesviruksiin sekä hepatiitti B -virukseen. Famsikloviiri ei yleensä aiheuta sivuvaikutuksia eikä muutoksia verenkuvaan. Joskus voi esiintyä vatsavaivoja, oksentelua, päänsärkyä tai kuumeilua.

ribaviriini (Rebetol)

Ribaviriini tehoaa lukuisiin erilaisiin viruksiin herpesviruksista influenssaviruksiin. Suomessa sitä käytretään lähinnä C-hepatiitin hoitoon yhdessä alfa-interferonin kanssa. Sillä on tehoa myös enteroviruksiin ja ilmeisesti myös ainakin joihinkin herpesviruksiin.[30]

Eläinkokeissa ribaviriinillä on osoitettu olevan myös kipua lievittävää vaikutusta.[31] Merkittävin haittavaikutus on hemolyyttinen anemia. Myös lihaskipuja, vatsavaivoja, väsymystä, kihtiä, ihottumia ja hiustenlähtöä on tavattu.

Antifungaalit

Kandidan liikakasvua on joskus epäilty jopa kroonisen väsymysoireyhtymän aiheuttajaksi ja hiivasienien ja CFS:n yhteydestä on olemassa jonkinasteista näyttöä.[32, 33] Tutkimustulokset ovat olleet yhtä kiistanalaisia kuin hiivasyndrooman konseptikin.

Monet CFS-spesialistit käyttävät kuitenkin sienilääkkeitä, sillä he uskovat, että CFS:n aiheuttaman immuunijärjestelmän suppression takia oireita voi komplisoida syvä kandidainfektio.[34] Lääkäri Majid Ali on saanut antifungaaleilla hyviä tuloksia CFS:n hoidossa.[35] Antifungaalisilla lääkkeillä saattaa olla myös immunomodulatorisia vaikutuksia.

nystatiini (Mycostatin)

Suomessa nystatiinia hyödynnetään lähinnä sieni-infektioiden paikallishoidoissa, mutta muualla maailmassa sitä käytetään usein myös ruoansulatuskanavan sieni-infektioiden (erityisesti kandida) hoidossa. Nystatiini on hyvin yleinen lääke CFS-hoidoissa ja huomattava osa potilaista ilmoittaakin saaneensa nystatiinista apua.[36] Andrew J. Wright käyttää potilaillaan 1-2 tablettia neljästi päivässä 2-6 viikon ajan.[37]

Nystatiinilla ei ole juuri lainkaan sivuvaikutuksia, sillä se ei imeydy elimistöön, mutta vatsavaivoja ja yliherkkyysoireita voi esiintyä. Jacob Teitelbaumin mukaan hiivan kuoleminen elimistöstä voi kuitenkin aiheuttaa ikäviä oireita, joihin hän tarvittaessa määrää pioglitatsonia.[38]

flukonatsoli (Diflucan)
ketokonatsoli (Nizoral)
itrakonatsoli (Sporanox)

Muihin kuin suoliston ja suun alueen kandidainfektioihin nystatiinista ei ole apua, sillä se ei imeydy suolistosta. Silloin tarvitaan atsoleita. CFS-potilaiden hoidossa käytetään flukonatsolia yleensä 100-200 mg päiväannosta 3-6 viikon ajan.[39]

Väitetysti CFS-oireiden lievittyminen voi olla havaittavissa jo muutaman päivän hoidon jälkeen. Jacob Teitelbaumin mukaan flukonatsolihoidolla päästään usein eroon kroonisesta poskiontelontulehduksesta ja hän käyttää sitä myös interstitiaalissa kystiitissä.[40]

Flukonatsoli on näistä lääkkeistä selvästi kallein. Itrokonatsolin ja flukonatsolin ongelmana on hepatotoksisuus, joten maksan toiminnan seuraaminen on aiheellista. Ketokonatsoli voi vähentää testosteronin tuotantoa.[41]

Vatsavaivat ovat yleisimpiä sivuvaikutuksia. Atsoleilla on paljon yhteisvaikutuksia muiden lääkkeiden kanssa, mm. oraaliset antikoagulantit, makrolidit, karbamatsepiini, buspironi, reboksetiini ja useat bentsodiatsepiinit. Itrakonatsolia tulee käyttää varoen yhdessä kalsiuminestäjien kanssa.

1 Nasralla M, Haier J, Nicolson GL. Multiple Mycoplasmal Infections Detected in Blood of Chronic Fatigue Syndrome and Fibromyalgia Syndrome Patients. Eur J Clin Microbiol. 1999; 18: 859-865

2 Endresen GK. Mycoplasma blood infection in chronic fatigue and fibromyalgia syndromes. Rheumatol Int. 2003 Sep;23(5):211-5.

3 Chia JK, Chia LY. Chronic Chlamydia pneumoniae infection: a treatable cause of chronic fatigue syndrome. Clin Infect Dis. 1999 Aug;29(2):452-3.

4 http://www.immunesupport.com/library/showarticle.cfm/ID/5784/

5 http://www.pediatricnetwork.org/medical/q+a/bell/antibiotics.htm

6 Iwakami E, Arashima Y, Kato K ym. Treatment of chronic fatigue syndrome with antibiotics: pilot study assessing the involvement of Coxiella burnetii infection. Intern Med. 2005 Dec;44(12):1258-63.

7 Sapadin AN, Fleischmajer R. Tetracyclines: nonantibiotic properties and their clinical implications. J Am Acad Dermatol. 2006 Feb;54(2):258-65.

8 Berne Katrina. Running on Empty: The Complete Guide to Chronic Fatigue Syndrome. 1995. s. 198.

9 Ianaro A, Ialenti A, Maffia P ym. Anti-inflammatory activity of macrolide antibiotics. J Pharmacol Exp Ther. 2000 Jan;292(1):156-63.

10 Vermeulen RC, Scholte HR. Azithromycin in Chronic Fatigue Syndrome (CFS), an analysis of clinical data. V J Transl Med. 2006 Aug 15;4(1):34

11 http://www.cpnhelp.org/wheldon

12 Brorson O, Brorson SH. An in vitro study of the susceptibility of mobile and cystic forms of Borrelia burgdorferi to metronidazole. APMIS. 1999 Jun;107(6):566-76.

13 http://www.cpnhelp.org/wheldon

14 Morinaka S, Ichimiya M, Nakamura H. Detection of Helicobacter pylori in nasal and maxillary sinus specimens from patients with chronic sinusitis. Laryngoscope. 2003 Sep;113(9):1557-63.

15 Ablashi DV, Salahuddin SZ, Josephs SF ym. Human herpesvirus-6 (HHV-6) (short review). In Vivo. 1991 May-Jun;5(3):193-9.

16 http://www.ivpresearch.org/cfs_paper2.htm

17 Komaroff AL. Is human herpesvirus-6 a trigger for chronic fatigue syndrome? J Clin Virol. 2006 Dec;37 Suppl 1:S39-46.

18 Lerner AM, Zervos M, Dworkin HJ ym. A unified theory of the cause of chronic fatigue syndrome. Infect Dis Clin Pract. 1997;6:230-243.

19 Lerner AM, Zervos M, Chang CH ym. A small, randomized, placebo-

controlled trial of the use of antiviral therapy for patients with chronic fatigue syndrome. Clin Infect Dis. 2001;32(11):1657-1658.

20 Patarca-Montero R. Treatment of Chronic Fatigue Syndrome in the Antiviral Revolution Era. 2001.

21 Straus SE, Dale JK, Tobi M ym. Acyclovir treatment of the chronic fatigue syndrome. Lack of efficacy in a placebo-controlled trial. N Engl J Med. 1988 Dec 29;319(26):1692-8.

22 Verrillo Erica F, Gellman Lauren M. Chronic Fatigue Syndrome: A Treatment Guide. 1997. s. 167-168

23 Lerner AM, Beqaj SH, Deeter RG ym. A six-month trial of valacyclovir in the Epstein-Barr virus subset of chronic fatigue syndrome: improvement in left ventricular function. Drugs Today (Barc). 2002 Aug;38(8):549-61.

24 Lerner AM, Zervos M, Chang CH ym. A small, randomized, placebo-controlled trial of the use of antiviral therapy for patients with chronic fatigue syndrome. Clin Infect Dis. 2001;32(11):1657-1658.

25 Lerner AM, Zervos M, Dworkin HJ ym. New cardiomyopathy: A pilot study of intravenous ganciclovir in a subset of the chronic fatigue syndrome. Infect Dis Clin Pract. 1997;6:110-117.

26 Lerner AM, Zervos M, Chang CH ym. A small, randomized, placebo-controlled trial of the use of antiviral therapy for patients with chronic fatigue syndrome. Clin Infect Dis. 2001;32(11):1657-1658.

27 http://mednews.stanford.edu/releases/2007/january/montoya.html

28 Kogelnik AM, Loomis K, Hoegh-Petersen M ym. Use of valganciclovir in patients with elevated antibody titers against Human Herpesvirus-6 (HHV-6) and Epstein-Barr Virus (EBV) who were experiencing central nervous system dysfunction including long-standing fatigue. J Clin Virol. 2006 Dec;37 Suppl 1:S33-8.

29 http://www.immunesupport.com/library/showarticle.cfm/id/3725

30 Palmieri G, Ambrosi G, Ferraro G ym. Clinical and immunological evaluation of oral ribavirin administration in recurrent herpes simplex infections. J Int Med Res. 1987 Sep-Oct;15(5):264-75.

31 Abdel-Salam OM. Antinociceptive and behavioral effects of ribavirin in mice. Pharmacol Biochem Behav. 2006 Feb;83(2):230-8.

32 http://cfsyndrome.com/drandrew.html

33 Cater RE 2nd. Chronic intestinal candidiasis as a possible etiological factor in the chronic fatigue syndrome. Med Hypotheses. 1995 Jun;44(6):507-15.

34 Berne Katrina. Running on Empty: The Complete Guide to Chronic Fatigue Syndrome. 1995. s. 180.

35 http://cfsyndrome.com/drandrew.html

36 Verrillo Erica F, Gellman Lauren M. Chronic Fatigue Syndrome: A Treatment Guide. 1997. s. 162

37 http://web.archive.org/web/20031231214020/http://www.cfsresearch.org/cfs/research/treatment/drandrew.pdf

38 https://www.endfatigue.com/home.nsf/Editable%20Documents/Treatment%20Protocol

39 Verrillo Erica F, Gellman Lauren M. Chronic Fatigue Syndrome: A Treatment Guide. 1997. s. 163

40 https://www.endfatigue.com/home.nsf/8db562925833d339852568a7004e27c8/446fe60e7a2ae580852570dc0079b2a5

41 Trachtenberg J. The effects of ketoconazole on testosterone production and normal and malignant androgen dependent tissues of the adult rat. J Urol. 1984 Sep;132(3):599-601.

5. Psyykenlääkkeet

Trisykliset masennuslääkkeet

Trisykliset masennuslääkkeet ovat uudempiin mielialalääkkeisiin verrattuna hyvin epäselektiivisiä ja vaikuttavat moniin erilaisiin reseptoreihin. Tästä syystä niillä on usein paljon sivuvaikutuksia pienilläkin annoksilla, mutta toisaalta yhdellä pillerillä voidaan usein hoitaa kerralla montaa eri vaivaa.

Trisykliset lääkkeet ovat yksi yleisimmin käytetyistä lääkeryhmistä CFS:n hoidossa. Annokset ovat huomattavasti pienempiä kuin mitä käytettäisiin masennuksen hoitoon. Annos voi vaihdella runsaasti potilaasta toiseen, sillä samallakin annoksella voidaan saada hyvin vaihtelevia plasmapitoisuuksia. Trisykliset lääkkeet voivat helpottaa kroonista kipua, parantaa unen laatua ja auttaa migreenin ja jännityspäänsäryn ehkäisyssä. Niiden etuna on myös erittäin edullinen hinta.

Antikolinergisten vaikutusten ansiosta trisyklisistä lääkkeistä voi olla apua myös nokturiassa sekä interstitiaalin kystiitin hoidossa.[1] Antihistamiinin kaltainen vaikutus puolestaan voi vähentää allergisia oireita ja mahdollisesti jopa estää tiettyjen tulehdyssytokiinien tuotantoa CFS:ssä.[2] Lisäksi trisyklisistä lääkkeistä on usein apua ärtyneen paksusuolen oireyhtymän, erityisesti siihen liittyvän kivun hoidossa.[3, 4] Antagonistinen vaikutus H_2-tyypin histamiinireseptoreihin on usein eduksi, sillä se vähentää vatsahapon eritystä ja siten suojelee vatsaa.

Trisyklisten masennuslääkkeiden teho usein heikkenee ajan myötä, joskus hyvinkin pian. Lisäksi erään tutkimuksen mukaan jopa 40% CFS:ää sairastavista ei siedä trisyklisiä masennuslääkkeitä lainkaan.[5] Takykardia ja ortostaattinen hypotensio ovat trisyklisten lääkkeiden yleisiä sivuvaikutuksia. Painonnousu on CFS-potilailla erityisen ikävä haittavaikutus, sillä CFS saattaa muutenkin aiheuttaa painonnousua, eivätkä potilaat useinkaan kykene harrastamaan liikuntaa. Trisykliset masennuslääkkeet myös alentavat kouristuskynnystä.

amitriptyliini (Triptyl)

Amitriptyliini on vaikutukseltaan hyvin sedatiivinen ja antikolinergiset sivuvaikutukset ovat yleisiä. Se on trisyklisistä masennuslääkkeistä ehkä suosituin CFS:n ja fibromyalgian hoidossa. Amitriptyliini on erityisen tehokas kivun ja unihäiriöiden hoidossa. Lisäksi siitä voi olla apua vatsavaivoihin, erilaisiin päänsärkyihin sekä interstitiaaliin kystiittiin.[6]

CFS-tutkija Anthony Komaroff suosittelee erityisesti amitriptyliiniä.[7] Lääkäri Derek Enlanderin mukaan osa potilaista saa lääkkeestä hieman yllättäen lisää energiaa.[8] CFS:n hoidossa käytetty annos vaihtelee 5-75 milligramman välillä.[9]

Amitriptyliini aiheuttaa muita trisyklisiä antidepressantteja herkemmin lihasheikkoutta, ortostaattista hypotensiota ja painonnousua. Jos lääkettä käytettäessä esiintyy liiallista aamusedaatiota, se kannattaa ottaa aikaisemmin illalla.

nortriptyliini (Noritren)

Nortriptyliini on amitriptyliinin metaboliitti, joka on amitriptyliiniä paremmin siedetty. Se vaikuttaa amitriptyliiniin verrattuna huomattavasti enemmän noradrenaliiniin kuin serotoniiniin.[10] Ortostaattista hypotensiota nortriptyliini aiheuttaa harvemmin kuin amitriptyliini.[11] Lisäksi se on amitriptyliiniä vähemmän sedatiivinen, mutta voi yhtä lailla helpottaa univaikeuksia.

Joillain potilailla lääke voi kuitenkin toimia piristävänä ja tällöin lääke pitää ottaa aamulla univaikeuksien välttämiseksi. Nortriptyliinin käytöstä CFS:n hoidossa on julkaistu yksi tapausselostus.[12] David Bellin mukaan nortriptyliinillä on parempi kipua lievittävä vaikutus kuin amitriptyliinillä.[13]

klomipramiini (Anafranil)

Klomipramiinilla on trisyklisistä masennuslääkkeistä voimakkain, SSRI-lääkkeiden kaltainen vaikutus serotoniinin takaisinottoon.[14] Joskus se lasketaankin SSRI:en joukkoon. Se on vähemmän sedatoiva kuin useimmat muut trisykliset masennuslääkkeet. Kuten muutkin trisykliset masennuslääkkeet se kuitenkin vaikuttaa moniin eri reseptoreihin.

Klomipramiini on indikoitu useiden sairauksien ja oireiden hoidossa narkolepsiasta OCD:hen ja erilaisiin kipuoireyhtymiin. Eräs tutkimus vertasi klomipramiinia maprotiliiniin fibromyalgian hoidossa.[15] Tulosten mukaan klomipramiini tepsi paremmin kipuun ja maprotiliini taas paremmin masennukseen. Vaikka klomipramiini on varsin hyvin siedetty, kouristukset ja sydänoireet ovat kuitenkin yleisempi sivuvaikutus kuin muilla trisyklisillä lääkkeillä.

doksepiini (Doxal)

Doksepiini on toinen hyvin suosittu lääke CFS-potilaiden hoidossa ja hieman vähemmän sedatiivinen kuin amitriptyliini, vaikka vaikuttaakin väsyttävästi Siitä on usein apua unen laadun parantamisessa ja kivun hoidossa. Sitä käytetään paljon myös voimakkaan antihistamiinivaikutuksen (sekä H_1 että H_2) takia.

Lääke voi vähentää allergista oireilua myös muilla mekanismeilla ja on mahdollisesti immunomodulatorinen. Osa CFS-potilaista kokee saavansa lääkkeen käytöstä lisää energiaa.[16] Annoksena on yleensä 2-10 mg, joillain potilailla selvästi enemmänkin.

48

Lääkäri Nancy Klimas suosii CFS-potilaillaan doksepiiniä, aloittaen yleensä 5 mg annoksesta ja kasvattaen määrää aina 20-25 milligrammaan asti.[17] Jacob Teitelbaum puolestaan käyttää 10-40 mg annosta.[18] Monet lääkkeet (kuten osa SSRI-lääkkeistä) voivat lisätä doksepiinin pitoisuuksia veressä. Yhteisvaikutuksia on myös monien sydän- ja verenpainelääkkeiden kanssa.

Selektiiviset serotoniinin takaisinoton estäjät

SSRI-masennuslääkkeitä käytetään usein yleislääkkeenä CFS:n hoidossa mm. Suomessa, vaikka tästä on vain vähän tutkimuksia ja lääkityksen hyöty vaikuttaa olevan kyseenalainen, ellei potilas kärsi myös masennuksesta. Silloinkin muunlaisista masennuslääkkeistä on usein enemmän apua.

Arvellaan, että SSRI:t voivat vaikuttaa myös immuunijärjestelmän toimintaan, mutta silti niistä ei yleensä ole todettu olevan merkittävää hyötyä. Jos lääkitys halutaan aloittaa, se on CFS-potilailla syytä tehdä pienellä annoksella (puolikas tabletti, toisinaan jopa vähemmän) ja joskus annostus joudutaan sivuvaikutusten takia myös jättämään tällaiseen miniannokseen.

SSRI-lääkkeet voivat helpottaa ortostaattista hypotensiota, mutta toisaalta myös johtaa sen pahenemiseen. Sama pätee interstitiaaliin kystiittiin, joka osalla potilaista saattaa lievittyä, mutta toisilla vaiva pahenee.[19] Nämä vaikutukset voivat olla lääkekohtaisia.

Monesti SSRI:t aiheuttavat CFS-potilailla uupumuksen ja väsymyksen pahentumista. Kanadalaisen psykiatrin Eleanor Steinin mukaan CFS-potilaat sietävät usein huonosti fluoksetiinia ja paroksetiinia ja hyötyvät ahdistuksen hoidossa enemmän pienestä annoksesta sertraliinia tai sitalopraamia ja masennuksen hoidossa pieniannoksisesta sitalopraamista tai venlafaksiinista.[20]

Yleisin haittavaikutus on pahoinvointi, jonka yleisyys riippuu jonkin verran lääkkeestä. Seksuaaliset sivuvaikutukset kuten erektio- ja orgasmivaikeudet ovat hyvin tavallisia. Lisäksi SSRI-lääkkeet voivat aiheuttaa mm. unettomuutta, hermostuneisuutta, tärinää, ruokahaluttomuutta, suun kuivumista, päänsärkyä, huimausta, hikoilua, vatsavaivoja, harvoin epileptisiä kouristuksia.

SSRI-lääkkeiden käytön lopettamiseen voi liittyä merkittäviä "vieroitusoireita", erityisesti lyhytvaikutteisilla paroksetiinilla ja fluvoksamiinilla. SSRI-masennuslääkkeitä ei saa käyttää samanaikaisesti MAO-estäjien kanssa. Yleensä niitä ei myöskään käytetä yhdessä trisyklisten masennuslääkkeiden kanssa.

fluoksetiini (Seronil)

Fluoksetiinilla on selvästi SSRI-lääkkeistä pisin puoliintumisaika, pisimmillään jopa lähes viikon mittainen. Tämä vähentää vieroitusoireita lääkkeen käyttöä lopetettaessa, mutta jos lääke aiheuttaa pahoja sivuvaikutuksia myös ne kestävät pidempään, samoin kuin vaikutukset muiden lääkkeiden metaboliaan.

49

Fluoksetiinia pidetään yleensä vaikutukseltaan energisoivana, joskin se voi silti pahentaa CFS:stä kärsivien väsymystä. CFS:n hoitotulokset eivät ole olleet kovin vakuuttavia. Eräässä suurehkossa tutkimuksessa ei fluoksetiinilla saatu aikaan minkäänlaisia tuloksia, ei edes potilaiden mahdollisen masennuksen hoidossa.[21]

Toisaalta CFS-asiantuntija Nancy Klimasin havaintojen mukaan fluoksetiini on osalla hänen potilaistaan lisännyt NK-solujen määrää ja toiminut siten immunomodulaattorina.[22] Hänen mukaansa voi viedä jopa 3-4 kuukautta, ennen kuin vaikutukset tulevat esiin. Fluoksetiinista voi olla apua ärtyneen paksusuolen hoidossa.[23] Usein CFS:n hoidossa käytetään hyvin pieniä, vain 2-10 mg päiväannoksia.

Fluoksetiini voi nopeuttaa joidenkin bentsodiatsepiinien eliminaatiota ja toisaalta hidastaa joidenkin epilepsialääkkeiden ja neuroleptien metaboliaa. Se voi myös moninkertaistaa trisyklisten masennuslääkkeiden terapeuttiset pitoisuudet, minkä takia näitä lääkkeitä ei saa koskaan käyttää yhdessä. Lisäksi on lukuisia muita mahdollisia yhteisvaikutuksia. Fluoksetiini ei siis ole paras valinta potilaalle, joka käyttää useita muitakin lääkkeitä.

fluvoksamiini (Fevarin)

Fluvoksamiinilla on muita SSRI-lääkkeitä lyhyempi puoliintumisaika, minkä takia sitä annostellaan yleensä kahdesti päivässä, vaikka muille SSRI-lääkkeille riittää yksi annoskerta. Fluvoksamiinilla vaikuttaa olevan kipua lievittävää vaikutusta.[24] Eräässä tutkimuksessa fluvoksamiinia kokeiltiin vaikeasta maksasairaudesta kärsivien potilaiden uupumuksen hoidossa, mutta siitä ei ollut apua.[25]

Fluvoksamiini on muita SSRI-lääkkeitä väsyttävämpi. Se aiheuttaa uneliaisuutta selvästi muita SSRI-lääkkeitä enemmän ja toisaalta unettomuutta harvemmin.[26] Myös pahoinvointi ja ummetus ovat yleisempiä sivuvaikutuksia kuin muilla SSRI:llä. Fluvoksamiini voi vaikuttaa monien muiden lääkkeiden kuten trisyklisten masennuslääkkeiden, olantsapiinin, metadonin, meksiletiinin, propranololin, ropinirolin, karbamatsepiinin, diatsepaamin ja alpratsolaamin pitoisuuksiin.

sertraliini (Zoloft)

Sertraliini vaikuttaa muita SSRI-lääkkeitä selvästi enemmän dopamiinin takaisinottoon, mutta vaikutus on silti varsin vähäinen.[27] Eräässä pienessä tutkimuksessa vuonna 1994 saatiin jossain määrin positiivisia tuloksia sertraliinin käytöstä CFS-potilaiden hoidossa.[28] Osa potilaista hyötyy lääkityksestä, mutta osa saa hyvinkin ikäviä sivuvaikutuksia pienilläkin annoksilla.

Lääkäri Charles Shepherd suosittelee CFS-potilailla käytön aloittamista 25 mg annoksella, jota voi kasvattaa siinä tapauksessa, että siitä ei aiheudu merkittäviä sivuvaikutuksia.[29] Hänen mukaansa osa potilaista saa hyviä tuloksia, mutta monelle SSRI:t eivät sovi lainkaan. Myös lääkäri Charles Lapp käyttää sertraliinia.[30]

Sertraliinia on saatavilla myös konsentraattina oraaliliuosta varten, mikä helpottaa annostelua, jos lääkettä halutaan käyttää tai käyttö aloittaa erittäin pienellä annoksella. Lääkkeellä saattaa olla yhteisvaikutuksia sumatriptaanin kanssa.

sitalopraami (Cipramil)
essitalopraami (Cipralex)

Sitalopraami on kaikkein selektiivisin SSRI-lääke. Se vaikuttaa kaikista antidepressanteista selvästi vähiten noradrenaliiniin ja erittäin vähän myös dopamiiniin.[31] Eräässä tutkimuksessa sitalopraamilla saatiin hyviä tuloksia idiopaattisen kroonisen väsymyksen ja siihen liittyvien särkyjen hoidossa.[32]

Sitalopraamista voi olla mahdollisesti apua ortostaattisen hypotension hoidossa, jos hoito aloitetaan hyvin pienellä annoksella jota vähitellen kasvatetaan.[33] Sillä on saatu tuloksia myös ärtyneen paksusuolen hoidossa ja ne eivät korreloineet ahdistus- tai masennusoireiden vähenemisen kanssa.[34]

Essitalopraami on rasemaattina myytävän sitalopraamin aktiivinen S-isomeeri. On epäilty, että sillä olisi vähemmän sivuvaikutuksia kuin sitalopraamilla, mutta tästä ei ole sel.vää näyttöä. Hinnaltaan se on kuitenkin huomattavasti kalliimpi, joten sen käyttö ei yleensä liene perusteltua.

Sitalopraami on yleensä hyvin siedetty, mutta monet CFS:ää sairastavat kuitenkin saavat siitä voimakkaita sivuvaikutuksia.[35] Sillä ei ole mitään tunnettuja kliinisesti merkittäviä yhteisvaikutuksia muiden lääkeaineiden kanssa.

paroksetiini (Seroxat)

Paroksetiinillä on SSRI-lääkkeistä selvästi voimakkain vaikutus noradrenaliinin takaisinottoon.[36] Sitä käytetään masennuksen lisäksi esimerkiksi ahdistuksen, OCD:n ja PTSD:n hoidossa. Se ei ole kovin yleisesti käytetty lääke CFS-potilailla, mutta esimerkiksi Jay Goldstein käyttää sitä potilaillaan 10-20 mg päiväannoksilla.

Charles Lapp kuvailee pienen annoksen paroksetiinia voivan helpottaa päiväaikaista uupumusta.[37] Jacob Teitelbaumin kipua käsittelevän teoksen mukaan lääkkeestä voi olla apua neuropaattisen kivun hoidossa 20-80 mg annoksella.[38] Sillä on saatu hyviä tuloksia myös fibromyalgiassa.[39]

Paroksetiinin mahdollisia haittavaikutuksia ovat mm. huonovointisuus, virtsaamis- ja erektiohäiriöt vatsavaivat ja psykiatriset oireet. Se voi aiheuttaa univaikeuksia, mutta toisaalta myös väsymystä ja uupumusta esiintyy SSRI-lääkkeeksi paljon.[40]

Paroksetiini voi nostaa useiden muiden lääkkeiden (mm. useimmat trisykliset

51

masennuslääkkeet sekä tietyt neuroleptit ja rytmihäiriölääkkeet) pitoisuuksia ja toisaalta monet muut lääkkeet voivat vaikuttaa paroksetiinin imeytymiseen. Lisäksi pitää noudattaa varovaisuutta, jos paroksetiinia käytetään yhdessä antikoagulanttien kanssa. Lääkitystä ei saisi keskeyttää äkillisesti, vaan pienentämällä annosta vähitellen.

Serotoniinin ja noradrenaliinin takaisinoton estäjät

Serotoniinin ja noradrenaliinin takaisinoton estäminen tarjoaa monilla potilailla paremman tehon masennuksen hoidossa kuin pelkkä serotonerginen vaikutus. Lääkkeistä on usein hyötyä myös potilailla, jotka eivät kärsi masennuksesta. Noradrenaliinin lisääntynyt määrä voi vähentää uupumusta. On myös havaittu, että sekä serotoniiniin että noradrenaliinin vaikuttavat aineet ovat tehokkaampia ainakin fibromyalgiaan liittyvän kivun hoidossa kuin lääkkeet jotka vaikuttavat vain toiseen näistä välittäjäaineista.[41]

venlafaksiini (Efexor)

Venlafaksiini on serotoniinin ja noradrenaliinin takaisinoton estäjä (SNRI), joskin se vaikuttaa selvästi enemmän serotoniini- kuin noradrenaliinireseptoreihin. Siitä voi olla SSRI-lääkkeitä enemmän apua joillekin potilaille. Toisaalta venlafaksiini aiheuttaa usein SSRI-lääkkeitä enemmän sivuvaikutuksia, vaikka sillä ei ole lainkaan antikolinergistä vaikutusta. Venlafaksiini saattaa olla avuksi neuropaattisiin kipuihin[42] ja erään pienen tutkimuksen mukaan myös fibromyalgiaan liittyviin kipuihin.[43]

Jay Goldstein käyttää venlafaksiinia potilailleen melko pienellä annoksella, 37,5-75 mg kahdesti päivässä, aloitusannoksena vain 18,5 mg.[44] Hän kuitenkin suosittelee kokeilemaan ensin SSRI-lääkitystä ja bupropionia. Goldsteinin mukaan venlafaksiini toimii joissain tapauksissa erityisen hyvin yhdessä risperidonin kanssa. Jacob Teitelbaumin suosittelema annos neuropatiaan on 75 mg. Psykiatri Eleanor Steinin mukaan monet potilaat sietävät lääkettä paremmin otettuna pienillä säännöllisillä annoksilla kuin pitkävaikutteisilla lääkemuodoilla.[45]

Venlafaksiini aiheuttaa toisinaan takykardiaa ja verenpaineen nousua, joskin jälkimmäinen voi olla eduksi CFS-potilaita hoidettaessa. Pahoinvointi on yleisempää kuin SSRI-lääkkeillä. Psykiatriset oireet, hikoilu ja kuumat aallot sekä näköhäiriöt ovat melko yleisiä haittavaikutuksia.

Venlafaksiini voi vaikuttaa samojen lääkkeiden metaboliaan kuin paroksetiini. Atsolit, makrolidit ja verapamiili voivat puolestaan suurentaa venlafaksiinin pitoisuuksia. On tärkeää, ettei hoitoa keskeytetä äkillisesti, vaan pienentämällä annosta vähitellen. Osalla potilaista tämä pitää tehdä hyvin hitaasti, jopa useiden kuukausien kuluessa, "vieroitusoireiden" välttämiseksi.

52

duloksetiini (Cymbalta)

Duloksetiini on serotoniinin ja noradrenaliinin, jossain määrin myös dopamiinin takaisinoton estäjä. Se on vaikutukseltaan venlafaksiinia voimakkaampi.[46] Sitä on käytetty paljon neuropaattisen kivun hoitoon erityisesti diabeettisessa neuropatiassa. Duloksetiinilla on saatu hyviä tuloksia fibromyalgian hoidossa.[47] Siitä saattaa Yhdysvalloissa jopa tulla FDA:n hyväksymä virallinen hoito fibromyalgiaan.

Duloksetiinistä näyttää olevan apua myös fibromyalgiaan ja stressiin liittyvän virtsankarkailun, ehkä muidenkin virtsaamisvaivojen hoitoon.[48] Sen teho saattaa kuitenkin olla heikompi miehillä. Duloksetiinin soveltuvuudesta myös CFS:n hoitoon on tällä hetkellä (4/2007) käynnissä kaksoissokkotutkimus Yhdysvalloissa.

Pahoinvointi, suun kuivuminen, päänsärky, uneliaisuus, huimaus ja unettomuus ovat duloksetiinin yleisimpiä haittavaikutuksia. Joillain potilailla esiintyy ortostaattista hypotensiota ja pyörtyilyä. Toisalta joskus se voi aiheuttaa myös verenpaineen lievää kohoamista. Osalla potilaista paino voi nousta voimakkaastikin, toisilla ruokahalu vähenee ja sen seurauksena paino putoaa. Lääkitystä ei saa keskeyttää äkillisesti.

milnasipraani (Ixel)

Milnasipraani on serotoniinin ja noradrenaliinin takaisinoton estäjä, mutta vaikuttaa huomattavasti enemmän noradrenaliiniin kuin serotoniiniin. Näin se voi auttaa sekä uupumukseen että kipuihin. Milnasipraami on reseptorien suhteen selektiivinen ja aiheuttaa selvästi vähemmän sivuvaikutuksia kuin trisykliset masennuslääkkeet, joita sen toimintamekanismi paljolti muistuttaa.

Lääkkeestä löytyy kaksoissokkotutkimus fibromyalgiapotilaiden hoidossa, jossa saatiin lupaavia tuloksia eikä sivuvaikutuksia esiintynyt juuri lainkaan.[49] Milnasipraanin käytölle CFS:n ja fibromyalgian hoidossa on jopa haettu patenttia.[50]

Milnasipraania ei tule käyttää yhdessä sumatriptaanin eikä yleensä myöskään klonidiinin kanssa. Joskus voi esiintyä sivuvaikutuksina huimausta, hikoilua, tuskaisuutta, kuumia aaltoja ja kipua virtsatessa. Myös ortostaattinen hypotensio voi pahentua.

Muut masennuslääkkeet

reboksetiini (Edronax)

Reboksetiini on erittäin selektiivinen noradrenaliinin takaisinoton estäjä. Serotoniinin takaisinottoon se ei vaikuta juuri lainkaan. Lääkkeen vaikutus masennukseen alkaa nopeammin kuin useimmilla muilla lääkkeillä, usein jopa 10 päivässä. Se helpottaa usein myös ahdistusta.

Useimpiin masennuslääkkeisiin verrattuna reboksetiini on varsin energisoiva ja tämän vaikutuksen takia sitä on käytetty myös CFS-potilaiden hoidossa. Tähän tarkoitukseen sille on myös haettu patenttia.[51] Reboksetiinia on käytetty fibromyalgian ja muiden kipuoireyhtymien[52] sekä narkolepsian hoidossa.[53]

Reboksetiinilla on selektiivisyytensä ansiosta yleensä vähemmän haittavaikutuksia kuin monilla muilla masennuslääkkeillä. Energisoiva vaikutus voi kuitenkin aiheuttaa unettomuutta. Myös huimaus, liikahikoilu, suun kuivuminen, päänsärky, pahoinvointi, sydämentykytys ja miehillä virtsaamis- ja erektiovaikeudet ovat mahdollisia sivuvaikutuksia. Seksuaaliset sivuvaikutukset ovat kuitenkin paljon harvinaisempia kuin SSRI-lääkkeillä Reboksetiini saattaa lisätä kouristusriskiä, joten sitä ei suositella epileptikoille. Sitä ei myöskään saa käyttää yhdessä sienilääkkeiden, makrolidien tai fluvoksamiinin kanssa.

atomoksetiini (Strattera)

Atomoksetiini lisää noradrenaliinin ja dopamiinin määrää aivoissa. Sen on todettu myös lisäävän asetyylikoliinin määrää aivojen tietyissä osissa ja siten parantavan kognitiivista suorituskykyä.[54] Sitä käytetään erityisesti tarkkaavaisuushäiriössä, joskus myös CFS:n hoidossa.[55]

Vaikutusmekanismeillaan atomoksetiini voi helpottaa CFS:n aiheuttamaa väsymystä, masennusta, uupumusta, kipuja ja kognitiivisia ongelmia. Se voi kuitenkin aiheuttaa sydänongelmia ja pahentaa ahdistushäiriöitä, joista molemmat ovat hyvin yleisiä CFS:ää sairastavilla. Lisäksi se on muita masennuslääkkeitä selvästi kalliimpi.

bupropioni (Zyban)

Bupropioni estää noradrenaliinin ja dopamiinin takaisinottoa. Serotoniinin sillä on vain hyvin vähän vaikutusta. Se on hyvä masennuslääke, vaikka Suomessa ja monessa muussa maassa sitä käytetäänkin lähinnä tupakoinnin lopettamiseen. Sitä on käytetty monenlaisen uupumuksen ja väsymyksen lievittämiseen, mm. syöpäpotilailla.[56]

Energisoivan vaikutuksen lisäksi bupropionilla on todettu anti-inflammatorista vaikutusta TNF-alfan vähentämisen kautta.[57] Tutkimusten mukaan siitä voi olla apua myös kivun lievityksessä[58] ja levottomat jalat -oireilussa.[59] Ei siis ihme, että sitä käytetään paljon myös CFS:n hoidossa.

Bupropionin käytöstä CFS:ssä löytyy myös yksi pieni tutkimus[60] sekä yksi julkaistu tapausselostus, jossa bupropionia käytettiin yhdessä paroksetiinin kanssa.[61] Lucinda Bateman käyttää potilaillaan hitaasti imeytyviä tabletteja annoksel-

54

la 100-300 mg.[62] Muualla näkyy CFS.n hoitoon suosituksia 75 mg kerta-annoksesta päivässä aina 150 mg annokseen kolmesti päivässä.[63] CFS-tutkimuksessa annostuksena käytettiin 300 mg päivässä.

Bupropionilta puuttuvat useimmat SSRI-lääkkeiden sivuvaikutukset suun kuivumista lukuunottamatta. Painonnousun sijasta se voi aiheuttaa painon putoamista. Seksuaaliset sivuvaikutukset ovat hyvin harvinaisia, päinvastoin lääke voi auttaa SSRI-lääkkeistä tai muista syistä johtuviin seksuaalisiin vaikeuksiin. Piristävän vaikutuksensa takia se voi aiheuttaa unettomuutta. Myös kuume, vapina, keskittymishäiriöt, päänsärky, huimaus, vatsavaivat ja makuhäiriöt ovat yleisiä sivuvaikutuksia.

Lisäksi bupropioni lisää kouristusriskiä. Kouristusten todennäköisyys ilman muuta riskitekijää on erittäin pieni, mutta esimerkiksi epileptikoilla bupropionia ei siis voida käyttää. Antikonvulsantin lisääminen saattaa pienentää kouristusriskiä ja helpottaa mahdollista insomniaa.

Bupropioni nostaa mm. risperidonin, metoprololin ja trisyklisten masennuslääkkeiden pitoisuuksia. Fluoksetiini, orfenadriini, karbamatsepiini, valproaatti ja ehkäisypillerit voivat puolestaan vaikuttaa bupropionin metaboliaan. Levodopa ja amantadiini voivat lisätä bupropionin haittavaikutuksia.

tratsodoni (Azona)

Tratsodoni estää serotoniinin takaisinottoa ja salpaa myös 5-HT$_2$-reseptoria. Se on hyvin sedatiivinen ja muistuttaa paljolti trisyklisiä lääkkeitä. Siitä ei yleensä ole apua CFS-potilaiden masennuksen hoidossa, mutta se on usein hyvä lääke unihäiriöissä ja saattaa helpottaa myös ahdistusta.

Käytetty annos vaihtelee suuresti 25-450 mg välillä. Osa potilaista hyötyy tratsodonista pienissä annoksissa, mutta suuremmat annokset aiheuttavat herkästi ortostaattista hypotensiota.[64] Lääkäri Chales Lapp suosii unilääkkeenä yhdistelmää, jossa klonatsepaami vaivuttaa uneen ja tratsodoni auttaa unen ylläpitämisessä ja unen laadun parantamisessa.[65] Myös Lapp pitää tratsodonia erityisen toimivana potilaille, jotka heräävät keskellä yötä, eivätkä saa enää unta.[66]

Sedatiivinen vaikutus aiheuttaa helposti myös päiväaikaista väsymystä, mikä on tietysti ongelmallista CFS-potilailla. Muutenkin tratsodonin mahdolliset sivuvaikutukset (neurologiset oireet, pahoinvointi, päänsärky, nenän tukkoisuus) on helppo sekoittaa varsinaisiin CFS-oireisiin. Myös ortostaattista hypotensiota voi esiintyä.. Verrattuna trisyklisiin masennuslääkkeisiin tratsodoni on kuitenkin hyvin siedetty ja aiheuttaa pahoinvointia harvemmin kuin SSRI:t.

Tratsodonia pitää käyttää varoen epilepsiaa sekä maksan vajaatoimintaa sairastavilla. Sillä on yhteisvaikutuksia muutamien lääkkeiden kanssa, mutta MAO-estäjiä lukuunottamatta näitä ei yleensä käytetä CFS-potilaiden hoidossa. Greippimehun käyttöä pitäisi rajoittaa hoidon aikana. Hoitoa ei myöskään saisi keskeyttää äkillisesti.

mirtatsapiini (Remeron)

Mirtatsapiini on tetrasyklinen antidepressantti, jonka vaikutus on lähes pelkästään noradrenerginen ja alfa$_2$-reseptoreita salpaava.[67] Se salpaa myös H$_1$-tyypin histamiinireseptoreita, mutta ei kolinergisiä reseptoreita. Mirtatsapiini saattaa auttaa ehkäisemään kroonista jännityspäänsärkyä.[68] Siitä näyttäisi olevan apua myös osalle fibromyalgiaa sairastavista.[69]

Charles Lapp hyödyntää mirtatsapiinia unilääkkeenä CFS-potilaillaan.[70] Etenkin pienillä annoksilla lääke parantaakin unen laatua. Annostuksesta riippuen vaikutus voi olla joko piristävä tai sedatiivinen. Mirtatsapiini voi myös vähentää kutinaa ja pahoinvointia.

Väsymys ja painonnousu ovat mahdollisia sivuvaikutuksia. Molemmat voivat helpottaa annosta pienentämällä. Yleisesti ottaen mirtatsapiini on hyvin siedetty ja siltä puuttuvat useimmat SSRI-lääkkeiden sivuvaikutuksista. Ortostaattista hypotensiota ja levottomat jalat -oireita voi toisinaan esiintyä. Akuutti luuydindepressio on harvinainen sivuvaikutus.

Varovainen pitää olla myös käytettäessä samanaikaisesti esimerkiksi atsoleita tai erytromysiiniä. Karbamatsepiini voi laskea mirtatsapiinin plasmapitoisuuksia huomattavasti. Mirtatsapiini voi myös lisätä bentsodiatsepiinien sedatiivisuutta ja kumota klonidiinin vaikutuksen. Lääkkeestä on tarjolla erittäin edullisia rinnakkaisvalmisteita.

mianseriini (Miaxan)

Mianseriini on paljolti mirtatsapiinia muistuttava tetrasyklinen masennuslääke, joka salpaa alfa$_2$-reseptoreita ja tiettyjä serotoniinireseptoreita. Myös sillä on jonkin verran antihistamiinin kaltaista, mutta ei juurikaan kolinergistä vaikutusta. Se soveltuu CFS-potilaiden unilääkkeeksi pienellä annoksella.[71] Mianseriinilla näyttää olevan kipua lievittävää vaikutusta yhdistettynä muihin lääkkeisiin[72], ilmeisesti opioidireseptorien kautta välittyvän vaikutuksen ansiosta.[73]

Mianseriini on vaikutukseltaan väsyttävä ja voi siten aiheuttaa väsymystä erityisesti ensimmäisinä hoitopäivinä. Painonnousua ja huimausta voi esiintyä. Mianseriini voimistaa muiden rauhoittavien aineiden sedatiivista vaikutusta. Sillä voi olla yhteisvaikutuksia useiden eri lääkkeiden kanssa, mutta tästä ei ole tarkempaa tietoa. Myös mianseriini voi toisinaan aiheuttaa levottomat jalat -oireita.[74] Hinnaltaan lääke on hyvin edullinen.

buspironi (Buspar)

Buspironi on enemmänkin anksiolyytti kuin masennuslääke, mutta sillä on myös serotonergistä vaikutusta. Anksiolyyttisestä vaikutuksesta huolimatta sillä ei ole mitään tekemistä bentsodiatsepiinien kanssa. Sitä käytetään usein yhdessä SSRI-

56

lääkkeiden kanssa. Buspironista voi olla apua krooniseen jännityspäänsärkyyn[75] ja se vaikuttaa olevan tehokas migreenin ehkäisyssä.[76] Buspironi myös lisää kasvuhormonin eritystä[77], mistä voi olla apua CFS:n hoidossa.

Lääkäri Peter O. Behan uskoo, että buspironista voi olla apua CFS:ään sen 5HT1$_A$-tyypin serotoniinireseptoreja salpaavan vaikutuksen ansiosta.[78] Hänen mukaansa lääkettä käytettäessä CFS-oireet voivat aluksi pahentua hyvinkin voimakkaasti parinkin viikon ajan, mutta helpottavat sen jälkeen. Lääkäri H. Hooshmandin mukaan buspironi lievittää MS-taudin aiheuttamaa uupumusta.[79]

Yleisimpiä haittavaikutuksia ovat huimaus, väsymys, päänsärky, hermostuneisuus ja pahoinvointi. Buspironia ei suositella potilaille, joilla on ollut kouristuksia. Monet lääkkeet (mm. atsolit, makrolidit ja verapamiili) voivat nostaa buspironin pitoisuuksia merkittävästi eikä niitä voida käyttää yhdessä buspironin kanssa. Greippimehu saa nauttia hoidon aikana vain hyvin rajoitetusti. Mm. deksametasoni ja karbamatsepiini voivat puolestaan nopeuttaa buspironin metaboliaa ja siten laskea pitoisuuksia.

moklobemidi (Aurorix)

Moklobemidi on masennuslääkkeenä käytetty reversiibeli MAO-A-entsyymin estäjä. Siitä uskotaan voivan olla apua CFS:ää sairastavilla energian lisäämisessä ja keskittymiskyvyn parantamisessa.[80] Lääkkeen käytöstä CFS:ssä on tehty kaksi tutkimustakin. Ensimmäisessä tutkimuksessa oli 49 potilasta, joista 14 kärsi masennuksesta.[81] Muut potilaat eivät hyötyneet moklobemidistä, mutta masentuneista puolet sai apua.

Toinen tutkimus tehtiin kaksoissokkomenetelmällä ja siinä mukana olleista potilaista 51% koki hyötyneensä moklobemidista (plaseboa saaneista 33%).[82] Tutkimuksen mukaan moklobemidistä oli erityisesti hyötyä potilaille, joiden soluvälitteinen immuniteetti oli heikentynyt.

Moniin muihin mielialalääkkeisiin verrattuna moklobemidi on huomattavan vähän sedatiivinen. Yleisimpiä sivuvaikutuksia ovat unihäiriöt, päänsärky, vatsavaivat ja huimaus. Moklobemidi ei vaadi muutoksia ruokavalioon toisin kuin vanhemmat MAO-estäjät. Serotonergisiä lääkkeitä tulisi kuitenkin käyttää varoen, klomipramiinia, dekstrometorfaania ja SSRI-lääkkeitä ei suositella käytettäväksi lainkaan. Selegiliiniä ei saa käyttää samanikaisesti moklobemidin kanssa. Moklobemidi voi vahvistaa myös opiaattien ja sympatomimeettien vaikutusta.

selegiliini (Eldepryl)

Selegiliini on MAO-estäjä, jota Suomessa käytetään lähinnä Parkinsonin taudin hoidossa, mutta muualla myös masennuslääkkeenä. Toisin kuin moklobemidi se vaikuttaa MAO-B-entsyymiin ja on irreversiibeli. Lisäksi se estää dopamiinin takaisinottoa. Sillä voi olla piristävää vaikutusta. Lääkkeen käytöstä CFS:n hoidossa on yksi tutkimus, jossa sen tehoa verrattiin plaseboon 25 potilaalla.[83] Tutkimuksen mukaan selegiliinillä oli pieni, mutta merkittävä teho CFS:n hoidossa. Sillä ei kuitenkaan tutkimuksessa havaittu antidepressiivistä vaikutusta.

Lääke on hyvin siedetty eikä sen käytössä normaaliannostuksella tarvita ruokavaliorajoituksia, tosin kypsytettyjen juustojen runsasta käyttöä ei suositella. Suun kuivuminen, ortostaattinen hypotensio ja unettomuus ovat mahdollisia sivuvaikutuksia. Maksan ALAT-arvojen ohimenevää kohoamista voi esiintyä.

Selegiliiniä ei saa käyttää yhdessä SSRI-lääkkeiden kanssa ja fluoksetiinin käytön jälkeen täytyy pitää jopa viiden viikon tauko ennen selegiliinin aloittamista. Käyttö yhdessä trisyklisten lääkkeiden kanssa lisää sivuvaikutuksia. Yhteisvaikutukset myös tramadolin kanssa ovat mahdollisia. Ehkäisypillerit voivat lisätä selegiliinin biologista hyötyosuutta.

Neuroleptit

Neuroleptejä on käytetty CFS:n hoidossa sekä unilääkkeinä, että niiden kipua lievittävän vaikutuksen takia. Niiden käyttöön liittyy aina vakavien sivuvaikutusten, kuten tardiivin dyskinesian ja malignin neuroleptioireyhtymän mahdollisuus. Myös painonnousu on yleistä. Niinpä niitä tulisikin kokeilla vasta sen jälkeen, kun muiden lääkkeiden teho ei ole ollut riittävä.

olantsapiini (Zyprexa)

Olantsapiini vaikuttaa hyviin moniin eri reseptoreihin, mm. lukuisiin eri serotoniini- ja dopamiinireseptoreihin, muskariinireseptoreihin, alfa$_1$-reseptoreihin sekä H$_1$-tyypin histamiinireseptoreihin. Se on lähinnä käytössä skitsofreniassa, mutta sitä on käytetty myös kroonisten kipuoireyhtymien[84] ja kroonisen päänsäryn[85] hoitoon. Eräässä pienessä tutkimuksessa osa fibromyalgiaa sairastavista potilaista sai apua oireisiinsa paljon tai hyvin paljon.[86] Lähes puolet potilaista tosin keskeytti tutkimuksen sivuvaikutusten takia.

Väsyttävän ja unen laatua parantavan vaikutuksen takia olantsapiinia on käytetty myös unilääkkeenä. Lucinda Bateman käyttää CFS-potilaillaan tähän tarkoitukseen 2,5-10 mg annosta.[87] David Bellin käytössä on 2,5 mg annos.[88] Lisäksi olantsapiini vähentää pahoinvointia.

Olantsapiinin ikävin haittavaikutus on painonnousu, joka on yleistä ja monesti varsin huomattavaa. Edellä mainitun fibromyalgiatutkimuksen potilaista yli 40 prosenttia keskeytti tutkimuksen sivuvaikutusten, usein juuri painonnousun, takia. Yhdysvalloissa on pian alkamassa kaksoissokkotutkimus, jossa tutkitaan, voiko topiramaatilla vähentää olantsapiinin aiheuttamaa painonnousua.

Myös päiväväsymys on hyvin yleinen sivuvaikutus, huimaus ja ortostaattinen hypotensio hieman harvinaisempia. Erittäin harvinaisissa tapauksissa olantsapiini saattaa johtaa myös diabeteksen kehittymiseen. Karbamatsepiini voi vähentää

58

ja fluvoksamiini pienentää lääkkeen pitoisuuksia veressä.

risperidoni (Risperdal)

Risperidoni tunnetaan neuroleptinä, joka salpaa D_2- ja $5\text{-}HT_2$-reseptoreja. CFS-lääkäri Jay Goldstein havainnut risperidonin hyödylliseksi hyvin pienillä annoksilla.[89] Hänen mukaansa lääke voi helpottaa ahdistusta, masennusta, univaikeuksia ja migreeniä.

Goldstein on saanut erityisen hyviä tuloksia käyttämällä risperidonia yhdessä venlafaksiinin kanssa.[90] Jacob Teitelbaumin mukaan lääke soveltuu myös kivun hoitoon. Hän suosittelee aloittamaan lääkityksen vain 0,25 mg annoksella, jota nostetaan 0,25 milligrammalla kuuden viikon välein enintään 1,5 mg annokseen.[91]

1 Nickel JC. Interstitial cystitis. Etiology, diagnosis, and treatment. Can Fam Physician. 2000 Dec;46:2430-4, 2437-40.

2 Theoharides TC, Papaliodis D, Tagen M ym. Chronic fatigue syndrome, mast cells, and tricyclic antidepressants. J Clin Psychopharmacol. 2005 Dec;25(6):515-20.

3 Halpert A, Dalton CB, Diamant NE ym. Clinical response to tricyclic antidepressants in functional bowel disorders is not related to dosage. Am J Gastroenterol. 2005 Mar;100(3):664-71.

4 Morgan V, Pickens D, Gautam S ym. Amitriptyline reduces rectal pain related activation of the anterior cingulate cortex in patients with irritable bowel syndrome. Gut. 2005 May;54(5):601-7.

5 O'Malley PG, Jackson JL, Santoro ym. Antidepressant therapy for unexplained symptoms and symptom syndromes. J Fam.Pract. 1997, 48, 980-990.

6 Verrillo Erica F, Gellman Lauren M. Chronic Fatigue Syndrome: A Treatment Guide. 1997. s. 157.

7 http://www.immunesupport.com/Healthwatch/Healthwatch-Spring-2003.pdf

8 http://www.immunesupport.com/library/showarticle.cfm/ID/3855/

9 http://www.drmyhill.co.uk/article.cfm?id=273

10 http://www.preskorn.com/books/ssri_s3.html

11 Roose SP, Glassman AH, Siris SG ym. Comparison of imipramine- and nortriptyline-induced orthostatic hypotension: a meaningful difference. J Clin Psychopharmacol. 1981 Sep;1(5):316-9.

12 Gracious B, Wisner KL. Nortriptyline in chronic fatigue syndrome: a double blind, placebo-controlled single case study. Biol Psychiatry. 1991 Aug 15;30(4):405-8.

13 http://www.davidsbell.com/LynNewsV2N1.htm

14 http://www.preskorn.com/books/ssri_s3.html

15 Bibolotto E, Borghi C, Paculli E ym. The management of fibrositis: a double-blind comparison of maprotyline, clomipramine, and placebo. Clin Trials J. 1986;23:269-80.

16 Verrillo Erica F, Gellman Lauren M. Chronic Fatigue Syndrome: A Treatment Guide. 1997. s. 156.

17 http://www.co-cure.org/experts.htm

18 https://www.endfatigue.com/home.nsf/8db562925833d339852568a7004e27c8/446fe60e7a2ae580852570dc0079b2a5

19 http://www.ichelp.org/cafeica/Vol04No08.html

20 http://www.ahmf.org/medpolstein.htm

21 Vercoulen JH, Swanink CM, Zitman FG ym. Randomised, double-blind, placebo-controlled study of fluoxetine in chronic fatigue syndrome. Lancet. 1996 Mar 30;347(9005):858-61.

22 Verrillo Erica F, Gellman Lauren M. Chronic Fatigue Syndrome: A Treatment Guide. 1997. s. 158.

23 Vahedi H, Merat S, Rashidioon A ym. The effect of fluoxetine in patients with pain and constipation-predominant irritable bowel syndrome: a double-blind randomized-controlled study. Aliment Pharmacol Ther. 2005 Sep 1;22(5):381-5.

24 Schreiber S, Pick CG. From selective to highly selective SSRIs: a comparison of the antinociceptive properties of fluoxetine, fluvoxamine, citalopram and escitalopram. Eur Neuropsychopharmacol. 2006 Aug;16(6):464-8

25 ter Borg PC, van Os E, van den Broek WW ym. Fluvoxamine for fatigue in primary biliary cirrhosis and primary sclerosing cholangitis: a randomised controlled trial [ISRCTN88246634]. BMC Gastroenterol. 2004 Jul 13;4:13.

26 http://www.preskorn.com/books/ssri_s5.html

27 http://www.preskorn.com/books/ssri_s3.html

28 Behan PO, Haniffah BAG, Doogan DP ym. A pilot study of sertraline for the treatment of chronic fatigue syndrome. Clinical Infectious Diseases 1994; 18 Suppl 1: S111.

29 http://www.meassociation.org.uk/sertraline.htm

30 http://www.immunesupport.com/library/showarticle.cfm/ID/3714/

31 http://www.preskorn.com/books/ssri_s3.html

32 Hartz AJ, Bentler SE, Brake KA ym. The effectiveness of citalopram for idiopathic chronic fatigue. J Clin Psychiatry. 2003 Aug;64(8):927-35.

33 http://home.att.net/~potsweb/POTS.html

34 Tack J, Broekaert D, Fischler B ym. A controlled crossover study of the selective serotonin reuptake inhibitor citalopram in irritable bowel syndrome. Gut. 2006 Aug;55(8):1095-103

35 http://www.remedyfind.com/treatments/6/952/

36 http://www.preskorn.com/books/ssri_s3.html

37 http://www.immunesupport.com/library/showarticle.cfm/ID/3714/

38 https://www.endfatigue.com/home.nsf/8db562925833d339852568a7004e27c8/446fe60e7a2ae580852570dc0079b2a5

39 http://www.immunesupport.com/library/showarticle.cfm/ID/5650/

40 http://www.preskorn.com/books/ssri_s5.html

41 Littlejohn GO, Guymer EK. Fibromyalgia syndrome: which antidepressant drug should we choose. Curr Pharm Des. 2006;12(1):3-9.

42 Sumpton JE, Moulin DE. Treatment of neuropathic pain with venlafaxine. Ann Pharmacother. 2001 May;35(5):557-9.

43 Sayar K, Aksu G, Ak I ym. Venlafaxine treatment of fibromyalgia. Ann Pharmacother. 2003 Nov;37(11):1561-5.

44 http://home.vicnet.net.au/~mecfs/general/goldstein_treatment.html

45 http://www.ahmf.org/medpolstein.htm

46 Bymaster FP, Dreshfield-Ahmad LJ, Threlkeld PG ym. Comparative affinity of duloxetine and venlafaxine for serotonin and norepinephrine transporters in vitro and in vivo, human serotonin receptor subtypes, and other neuronal receptors. Neuropsychopharmacology. 2001 Dec;25(6):871-80.

47 Arnold LM, Lu Y, Crofford LJ ym. A double-blind, multicenter trial comparing duloxetine with placebo in the treatment of fibromyalgia patients with or without major depressive disorder. Arthritis Rheum. 2004 Sep;50(9):2974-84.

48 Perez Martinez FC, Vela Navarrete R, Castilla Reparaz C. Comparative effects of clomipramine and duloxetine on detrusor and striated sphincter function in male and female rabbits. Arch Esp Urol. 2006 Oct;59(8):839-48.

49 Vitton O, Gendreau M, Gendreau J ym. A double-blind placebo-controlled trial of milnacipran in the treatment of fibromyalgia. Hum Psychopharmacol. 2004 Oct;19 Suppl 1:S27-35.

50 http://www.freepatentsonline.com/20040019116.html

51 http://www.freepatentsonline.com/20060128705.html

52 Krell HV, Leuchter AF, Cook IA ym. Evaluation of reboxetine, a noradrenergic antidepressant, for the treatment of fibromyalgia and chronic low back pain. Psychosomatics. 2005 Sep-Oct;46(5):379-84.

53 Larrosa O, de la Llave Y, Bario S ym. Stimulant and anticataplectic effects of reboxetine in patients with narcolepsy: a pilot study. Sleep. 2001 May 1;24(3):282-5.

54 Tzavara ET, Bymaster FP, Overshiner CD ym. Procholinergic and memory enhancing properties of the selective norepinephrine uptake inhibitor atomoxetine. Mol Psychiatry. 2006 Feb;11(2):187-95.

55 http://www.immunesupport.com/library/showarticle.cfm/ID/7360/

56 http://www.cpa-apc.org/publications/archives/CJP/2004/february/simpson.pdf

57 Brustolim D, Ribeiro-dos-Santos R, Kast RE ym. A new chapter opens in anti-inflammatory treatments: the antidepressant bupropion lowers production of tumor necrosis factor-alpha and interferon-gamma in mice. Int Immunopharmacol. 2006 Jun;6(6):903-7.

58 Semenchuk MR, Sherman S, Davis B ym. Double-blind, randomized trial of bupropion SR for the treatment of neuropathic pain. Neurology. 2001 Nov 13;57(9):1583-8.

59 Kim SW, Shin IS, Kim JM ym. Bupropion may improve restless legs syndrome: a report of three cases. Clin Neuropharmacol. 2005 Nov-Dec;28(6):298-301.

60 Goodnick PJ, Sandoval R, Brickman A ym. Bupropion treatment of fluoxetine-resistant chronic fatigue syndrome. Biol Psychiatry. 1992 Nov 1;32(9):834-8.

61 Schonfeldt-Lecuona C, Connemann BJ, Wolf RC ym. Bupropion augmentation in the treatment of chronic fatigue syndrome with coexistent major depression episode. Pharmacopsychiatry. 2006 Jul;39(4):152-4.

62 http://www.offerutah.org/batemanarticle.html

63 http://www.masscfids.org/publications/CFS_Primer/med.htm

64 Verrillo Erica F, Gellman Lauren M. Chronic Fatigue Syndrome: A Treatment Guide. 1997. s. 160

65 http://www.cfids.org/sparkcfs/clinical-care.pdf

66 http://www.co-cure.org/Lapp.htm

67 Gillman PK. A systematic review of the serotonergic effects of mirtazapine in humans: implications for its dual action status. Hum Psychopharmacol. 2006 Mar;21(2):117-25.

68 Bendtsen L, Jensen R. Mirtazapine is effective in the prophylactic treatment of chronic tension-type headache. Neurology. 2004 May 25;62(10):1706-11.

69 Samborski W, Lezanska-Szpera M, Rybakowski JK. Open trial of mirtazapine in patients with fibromyalgia. Pharmacopsychiatry. 2004 Jul;37(4):168-70.

70 http://www.cfids.org/sparkcfs/clinical-care.pdf

71 http://www.fibromyalgi.nu/fms_behandling.asp

72 Pakulska W, Czarnecka E. Influence of mianserin on the antinociceptive effect of morphine, metamizol and indomethacin in mice. Pharmacol Res. 2002 Nov;46(5):415-23.

73 Schreiber S, Backer MM, Kaufman JP ym. Interaction between the tetracyclic antidepressant mianserin HCl and opioid receptors. Eur Neuropsychopharmacol. 1998 Dec;8(4):297-302.

74 Paik IH, Lee C, Choi BM ym. Mianserin-induced restless legs syndrome. Br J Psychiatry. 1989 Sep;155:415-7.

75 Mitsikostas DD, Gatzonis S, Thomas A ym. Buspirone vs amitriptyline in the treatment of chronic tension-type headache. Acta Neurol Scand. 1997 Oct;96(4):247-51.

76 Pascual J, Berciano J. An open trial of buspirone in migraine prophylaxis. Preliminary report. Clin Neuropharmacol. 1991 Jun;14(3):245-50.

77 Meltzer HY, Flemming R, Robertson A. The effect of buspirone on prolactin and growth hormone secretion in man. Arch Gen Psychiatry. 1983 Oct;40(10):1099-102.

78 Behan PO. Post-Viral Fatigue Syndrome Research in Glasgow (a review of lectures given by professor Peter O. Behan). Kirjassa: Hyde B, (toim.) The Clinical and Scientific Basis of Myalgic Encephalomyelitis/Chronic Fatigue Syndrome. s. 235-243.

79 http://www.rsdrx.com/Multiple%20Sclerosis.htm

80 http://www.mja.com.au/public/guides/cfs/cfssumm.html

81 White P, Cleary K. An open study of the efficacy and adverse effects of moclobemide in patients with

chronic fatigue syndrome. Int Clin Psychopharmacol. 1997;12(1):47-52

82 Hickie I, Wilson A, Wright M ym. A randomized, double-blind placebo-controlled trial of moclobemide in patients with chronic fatigue syndrome. J Clin Psychiatry. 2000;61(9):643- 648

83 Natelson B, Cheu J, Hill N ym. Single-blind, placebo phase-in trial of two escalating doses of selegiline in the chronic fatigue syndrome. Neuropsychobiology. 1998;37(3):150-154.

84 Gorski ED, Willis KC. Report of three case studies with olanzapine for chronic pain. J Pain. 2003 Apr;4(3):166-8.

85 Silberstein SD, Peres MF, Hopkins MM ym. Olanzapine in the treatment of refractory migraine and chronic daily headache. Headache. 2002 Jun;42(6):515-8.

86 Rico-Villademoros F, Hidalgo J, Dominguez I ym. Atypical antipsychotics in the treatment of fibromyalgia: a case series with olanzapine. Prog Neuropsychopharmacol Biol Psychiatry. 2005 Jan;29(1):161-4.

87 http://www.offerutah.org/batemanarticle.html

88 http://www.davidsbell.com/LynNewsV2N1.htm

89 Berne Katrina. Running on Empty: The Complete Guide to Chronic Fatigue Syndrome. 1995. s. 185.

90 http://home.vicnet.net.au/~mecfs/general/goldstein_treatment.html

91 https://www.endfatigue.com/home.nsf/8db562925833d339852568a7004e27c
8/446fe60e7a2ae580852570dc0079b2a5

6. Sympatomimeetit ja parasympatomimeetit

Dopaminergiset lääkkeet

Suuri osa CFS-potilaista ei siedä edes kofeiinia, mutta toisaalta toiset saavat siitä merkittävää apua. Monelle CFS:ää sairastavalle stimulantit tarjoavat huomattavaa helpotusta uupumukseen ja keskittymisvaikeuksiin.[1] Niistä voi olla apua myös heitehuimaukseen ja muihin vestibulaarisiin häiriöihin, jotka ovat yleisiä CFS:ää sairastavilla.[2]

Joidenkin tutkimusten mukaan on viitteitä siitä, että CFS-potilaat kärsivät dopamiinin puutostilasta.[3] Radikaaleimmillaan hoidoksi on kokeiltu jopa deksamfetamiinia ja tulokset olivat lupaavia.[4] Dopaminergiset lääkkeet voivat yllättäen toimia myös tehokkaina unilääkkeinä, sillä ne auttavat RLS:ään eli levottomat jalat -oireiluun, joka huonontaa monien CFS-potilaiden unenlaatua, ilman että potilas on välttämättä edes tietoinen asiasta.

amantadiini (Atarin)

Amantadiini on tunnetumpi influenssalääkkeenä, mutta sillä on myös dopaminergistä ja antikolinergistä vaikutusta. Dopaminergisen vaikutuksen takia sitä käytetään kroonisten sairauksien aiheuttaman uupumuksen ja väsymyksen lievittämiseen. Siitä voi olla apua CFS:ään liittyvissä kognitiivisissa ongelmissa.[5] CFS:ssä voi olla etua myös amantadiinin NMDA-reseptoria salpaavasta vaikutuksesta, joka voi levittää neuropaattista kipua[6] ja ehkä selittää myös kognitiivisten vaikeuksien helpottamisen.

CFS-potilaat eivät läheskään aina siedä amantadiinia. Yleisimpiä sivuvaikutuksia ovat keskushermostoperäiset oireet kuten huimaus, unettomuus, keskittymisvaikeudet ja päänsärky. Myös antikolinergiset sivuvaikutukset ovat tavallisia. Antikolinergisesti vaikuttavien lääkkeiden käyttö voi lisätä amantadiinin sivuvaikutuksia. Hoidon äkillinen keskeyttäminen voi johtaa maligniin neuroleptioireyhtymään.[7] Amantadiini on hinnaltaan erittäin edullinen.

metyylifenidaatti (Concerta)

ADHD-lääke Ritalinina paremmin tunnettu metyylifenidaatti on Concertassa hitaasti imeytyvässä muodossa, jolloin pitoisuudet veressä pysyvät tasaisempina. Metyylifenidaattia on kokeiltu jonkin verran CFS:n hoidossa vaihtelevin tuloksin. Tuoreehko kaksoissokkotutkimus sai osalla potilaista varsin lupaavia tuloksia.[8] Lucinda Batemanin käyttämä annos on 5-20 mg 2-3 kertaa päivässä.[9] Myös Charles Lapp suosittelee metyylifenidaattia.[10] Lääke saattaa aluksi toimia hyvin, mutta vaikutuksiin voi kehittyä toleranssi

Metyylifenidaatti on kontraindisoitu käytettäessä trisyklisiä masennuslääkkeitä tai MAO-estäjiä. Lääkkeen stimulanttivaikutuksen takia unettomuus, levottomuus, takykardia ja rytmihäiriöt ovat yleisiä sivuvaikutuksia. Myös päänsärky on yleistä. Harvoissa tapauksissa voi esiintyä hallusinaatioita. Lääke on myös melko kallis.

levodopa ja karbidopa (Sinemet)

Levodopan ja karbidopan yhdistelmää käytetään Parkinsonin taudin hoidossa. Sitä on jonkin verran käytetty myös CFS:n hoitoon, lähinnä sen levottomat jalat -oireilua helpottavan vaikutuksen takia. Lääkkeestä on useita erilaisia versioita ja annoskokoja, joissa vaikuttavien aineiden välinen suhde vaihtelee 1/4:stä 1/10:een.

Richard Podell mainitsee CFIDS Association of American uutiskirjeessä sopivaksi annosmuodoksi RLS-oireisiin 25/100-tabletin[11], kun taas Jacob Teitelbaum käyttää yhtä 10/100-tablettia, joka otetaan iltaisin 18-21 välisenä aikana.[12] Tutkimuksissa RLS:n hoitoon on käytetty paljon suurempiakin annoksia, esim. 100/400 mg.[13]

Levodopa ja karbidopa voivat aiheuttaa moninaisia haittavaikutuksia, kuten pakkoliikkeitä, psykiatrisia oireita, pahoinvointia ja huimausta. Käytössä on noudatettava varovaisuutta, jos potilaalla on vaikea sydän- tai keuhkosairaus, astma tai muu elinkohtainen tai endokrinologinen sairaus, tai jos tämä on kärsinyt vatsahaavasta tai kouristuksista. Lisäksi jotkut lääkkeet saattavat heikentää hoidon tehoa. Hoitoa ei saa keskeyttää äkillisesti. Pitkäaikaishoidossa vaaditaan myös maksa-, munuais- ja veriarvojen tarkkailua.

ropiniroli (Requip)

Ropiniroli on D_3-reseptoreihin vaikuttava dopamiiniagonisti. Sen virallinen käyttöindikaatio on Parkinsonin tauti ja sitä käytetään myös levottomat jalat –oireiluun.[14] Kokeellisesti ropinirolilla on hoidettu CFS:n aiheuttamia kognitiivisia vaikeuksia. Lisäksi siitä saattaa olla apua ahdistukseen.[15] Ropiniroli voi aiheuttaa painon laskua, mutta joissain tutkimuksissa on raportoitu selvästä painonnoususta.[16]

pramipeksoli (Sifrol)

Pramipeksolin tehosta CFS:ään on olemassa lähinnä anekdotaalista näyttöä. Esimerkiksi eräs potilas, Matthew Simon, kuvailee Internetissä parantuneensa CFS:stä 15 vuoden vaikean sairastamisen jälkeen pramipeksolin avulla.[17] Lääkkeen käytöstä fibromyalgian hoidossa sen sijaan löytyy myös lupaavaa tutkimustietoa.[18] 60 potilaan kaksoissokkotutkimuksessa pramipeksoli oli huomattavasti plaseboa tehokkaampi kivun lievittämisessä ja helpotti myös potilaiden uupumusta ja yleistä toimintakykyä.

Pramipeksolista saattaa olla apua myös masennuksen ja ahdistuksen hoidossa.[19] Lääkäri Lucinda Bateman käyttää CFS-potilaiden unihäiriöiden hoidossa runsaasti vaihtelevaa annosta välillä 0,125-1,5 mg.[20] Mainitussa fibromyalgiaa koskevassa tutkimuksessa yleisimmät sivuvaikutukset olivat ahdistus ja painon putoaminen. Kukaan potilaista ei kuitenkaan keskeyttänyt tutkimusta sivuvaikutuksen vuoksi ja plaseboryhmässä vakavia haittoja raportoitiin hoitoryhmää enemmän.

bromokriptiini (Parlodel)

Bromokriptiini on dopamiiniagonisti, joka vaikutusmekanismillaan vähentää prolaktiinin eritystä. Sitä käytetään mm. Parkinsonin taudin, akromegalian ja kuukautishäiriöiden hoidossa. Se vaikuttaa myös immuunijärjestelmän toimintaan ja siitä näyttää olevan apua esimerkiksi SLE:n ja reuman hoidossa.[21] Dopaminerginen vaikutus voi tuoda avun levottomat jalat -oireiluun. Bromokriptiinillä on myös antidepressivistä vaikutusta. CFS-potilailla bromokriptiini voi helpottaa ahdistusta, uupumusta ja kognitiivisia oireita.

Sivuvaikutuksina voi esiintyä ortostaattista hypotensiota, nenän tukkoisuutta, ummetusta, päänsärkyä ja uneliaisuutta, harvoin jopa narkolepsiaa muistuttavia nukahtamiskohtauksia. Lääke on kontraindisoitu potilailla, jotka kärsivät sepelvaltimotaudista tai vaikeista psykiatrisista häiriöistä. Bromokriptiini voi joskus aiheuttaa ruoansulatuskanavan verenvuotoa, joten aiemmin ulkustautia sairastaneita potilaita hoidettaessa tulee olla varovainen.

Makrolidit voivat lisätä lääkkeen pitoisuuksia plasmassa. Muiden ergot-alkaloidien samanaikaista käyttöä ei suositella. Amitriptyliini ja jotkut muut lääkkeet voivat heikentää bromokriptiinin tehoa. Uuden tiedon valossa näyttää kuitenkin siltä, että pergolidi lisää huomattavasti riskiä saada sydämen läppävika, minkä johdosta sitä tuskin voi enää suositella.

pergolidi (Permax)

Pergolidi on dopamiiniagonisti, jota käyttävät ainakin lääkärit Jay Goldstein ja Jacob Teitelbaum. Teitelbaumin mukaan siitä voi olla apua fibromyalgiaan liittyvien kipujen hoidossa.[22] Myös pergolidi saattaa lisätä sydämen läppävian riskiä.

Antikoliiniesteraasit

Asetyylikoliinin yhteyttä CFS:ään ei vielä tunneta ja tutkimustulokset ovat olleet keskenään ristiriitaisia. Ilmeisesti osa potilaista saa positiivisen vastauksen Tensilon-kokeessa, vaikkei sairastakaan myastenia gravista. Joka tapauksessa sekä sentraalisesti että perifeerisesti vaikuttavat kolinergiset lääkkeet auttavat osaa potilaista merkittävästikin ja monet lääkärit käyttävätkin niitä CFS:n hoitoon. Vaikka yhdentyyppinen lääke ei auttaisikaan, toisesta asetyylikolinesteraasin estäjästä voi kuitenkin olla hyötyä.

pyridostigmiini (Mestinon)

Pyridostigmiini on perifeerinen koliiniesteraasin estäjä. Sitä käytetään esimerkiksi myastenia graviksen hoidossa ja siitä voi olla apua myös CFS:ään liittyvään lihasheikkouteen. Pyridostigmiinin käytöstä CFS:n hoidossa on julkaistu kolme tapausselostusta yhdistävä artikkeli[23], jossa saatiin hyviä tuloksia 10-30 mg annoksella. Lääkäri Jay Goldstein käyttää pyridostigmiiniä CFS:n hoidossa 30-60 mg päiväannoksella ja hänen mukaansa vaikutukset voivat olla hyvinkin dramaattisia.[24]

Pyridostigmiini voi helpottaa myös lihaskipuja, uupumusta ja henkistä "sumuisuuden" tunnetta. Ei ole tietoa, mistä jälkimmäiset vaikutukset mahdollisesti aiheutuvat, sillä pyridostigmiinin ei pitäisi kyetä läpäisemään veriaivoestettä. Se kuitenkin lisää kasvuhormonin eritystä elimistössä.[25] Lisäksi pyridostigmiinillä on saatu tuloksia ortostaattisen hypotension hoidossa.[26]

Mahdollisia kolinergisiä sivuvaikutuksia ovat pahoinvointi, oksentelu ja muut vatsavaivat, lihasheikkous sekä lisääntynyt syljen, liman ja kyynelten eritys. Pyridostigmiiniä tulee käyttää varoen astmaa tai sokeritautia sairastavilla potilailla. Lääkkeen sisältämä bromi voi aiheuttaa ihottumaa, jolloin käyttö pitää lopettaa. Pyridostigmiini on erittäin halpaa suuremmillakin annoksilla.

donepetsiili (Aricept)

Donepetsiili on sentraalisesti vaikuttava antikoliiniesteraasi, joka on käytössä Alzheimerin taudin hoidossa. Se vähentää opioidien aiheuttamaa väsymystä ja mahdollisesti myös CFS:ään liittyvää uupumusta. CFS:n hoidossa donepetsiiliä käytetään myös kivun ja kognitiivisten vaikeuksien lievittämiseen. Jacob Teitelbaum aloittaa käytön 5 mg päiväannoksella, jota voidaan tarvittaessa kasvattaa 20 milligrammaan asti.[27]

Lääkitys saattaa aiheuttaa sivuvaikutuksena monia samanlaisia oireita kuin CFS:ssä esiintyy, esimerkiksi väsymystä, huimausta, päänsärkyä, pahoinvointia ja unettomuutta. Donepetsiilillä on jonkin verran mahdollisia yhteisvaikutuksia muiden lääkkeiden kanssa lääkkeen metaboliaan liittyen, erityisesti mikrobilääk-

69

keiden. Myös donepetsiilin hinta on varsin korkea.

galantamiini (Reminyl)

Galantamiini on käytössä Alzheimerin taudin hoidossa. Jacob Teitelbaum käyttää sitä CFS:n hoitoon aloittaen annoksella 8 mg, josta nostetaan vähitellen 16 tai 24 milligrammaan.[28] Eräässä tutkimuksessa 70%:lla galantamiinia käyttäneistä 39 CFS-potilaasta uupumus, säryt ja yöuni kohenivat vähintään 30%.[29] Plaseboa saaneilla oireet helpottivat vain 10 prosenttia. Yllättäen galantamiini tehosi erityisen hyvin unihäiriöihin: 60% potilaista kertoi saaneensa vähintään 70% avun univaikeuksiinsa.

Yleisin sivuvaikutus tutkimuksessa oli pahoinvointi. Huimaus ja uneliaisuus ovat muita yleisiä sivuvaikutuksia. Monet erilaiset lääkkeet (esimerkiksi SSRI-lääkkeet, sienilääkkeet ja makrolidit) voivat lisätä lääkkeen pitoisuuksia plasmassa. Galantamiini on varsin kallista.

Antikolinergiset lääkkeet

Virtsaamiseen liittyvät ongelmat (erityisesti ärtynyt ja yliaktiivinen rakko) ovat hyvin yleisiä CFS:ää sairastavilla. Joidenkin arvioiden mukaan jopa yli puolet potilaista kärsisi niistä, eräässä tutkimuksessa naisista 20% raportoi virtsaamisongelmia. Yleisin oire on nokturia, joka voi merkittävästi heikentää potilaan unen laatua ja myös yleistä elämänlaatua.[30] Oireilu voi muistuttaa interstitiaalia kystiittiä, diabetes insipidusta tai virtsatieinfektiota. Infektiota ei yleensä kuitenkaan löydy. Inkontinenssia ei juurikaan esiinny.

Antikolinergisistä lääkkeistä on usein apua voimakkaasti tihentyneeseen virtsaamistarpeeseen, joskus myös ärtyneen paksusuolen oireisiin. Vaikka nätä lääkkeitä käytetäänkin CFS-potilailla varsin harvoin, ei käyttöön yleensä ole estettä, ellei potilas kärsi vaikeista sydänoireista. Antikolinergiset lääkkeet voivat myös lisätä muiden kolinergisiä reseptoreita salpaavien lääkkeiden kuten trisyklisten masennuslääkkeiden sivuvaikutuksia.

oksibutyniini (Ditropan, Cystrin)

Oksibutyniini on yleisimmin virtsaamisvaivojen hoidossa käytetty antikolinergi, vaikka sillä on muihin lääkkeihin verrattuna suhteellisen paljon sivuvaikutuksia. Se vaikuttaa sekä muskariini- että nikotiinireseptoreihin. Antikolinergisen vaikutuksen lisäksi sillä on myös paikallispuuduttavaa vaikutusta. Lääkettä otetaan yleensä kaksi tai kolme kertaa päivässä, mutta depottabletteja riittää yksi päivässä.

Kilpirauhasen liikatoiminnan, sepelvaltimotaudin, kongestiivisen sydämen vajaatoiminnan, sydämen rytmihäiriöiden, takykardian, verenpainetaudin, epilepsian ja eturauhasen liikakasvun oireet saattavat voimistua lääkkeen käytön yhteydessä. Sillä voi olla yhteisvaikutuksia atsolien ja makrolidien, mahdollisesti myös amantadiinin ja levodopan kanssa.

tolterodiini (Detrusitol)

Tolteradiini vaikuttaa sekä M_2- että M_3-tyypin muskariinireseptoreihin, joten se ei ole yhtä selektiivinen kuin jotkut muut lääkkeet. Sen vaikutus kohdistuu virtsarakkoon ja siten sillä on oksibutyniiniä vähemmän sivuvaikutuksia. Lääkettä annostellaan yleensä kahdesti vuorokaudessa, mutta nokturiaan voi riittää yksikin annoskerta.

Makrolidien ja atsolien samanaikaista käyttöä ei suositella, sillä ne voivat lisätä tolterodiinin pitoisuuksia veressä. Yleisimpiä sivuvaikutuksia ovat mm. huimaus, uneliaisuus, väsymys, päänsärky sekä silmien ja ihon kuivuminen.

trospium (Spasmo-Lyt)

Trospium on enimmäkseen muskariinireseptoreihin sitoutuva antikolinergi. Se ei pääse veriaivoesteen ohi, mikä vähentää sivuvaikutusten määrää. Erään tutkimuksen mukaan oksibutyniini ja tolterodiini aiheuttivat lieviä unihäiriöitä, mutta trospium ei.[31]

Trospiumilla voi olla yhteisvaikutuksia mm. amantadiinin, trisyklisten masennuslääkkeiden, antihistamiinien ja disopyramidin kanssa. Se saattaa vaikuttaa myös muiden lääkkeiden imeytymiseen ruoansulatuskanavasta, mutta tästä ei ole tarkempaa tietoa. Suun kuivuminen ja vatsavaivat ovat yleisimpiä sivuvaikutuksia.

darifenasiini (Emselex)

Solifenasiini salpaa spesifisesti virtsarakon lihaksia kontrolloivaa M_3-tyypin muskariinireseptoria. Sitä annostellaan yleensä kerra päivässä. Atsoleilla, klaritromysiinillä ja trisyklisillä masennuslääkkeillä voi olla interaktioita darifenasiinin metabolian kanssa. Selektiivisyytensä vuoksi lääke on vanhempiin antikolinergeihin verrattuna hyvin siedetty. Suun kuivuminen on myös darifenasiinin yleisin sivuvaikutus.

solifenasiini (Vesicare)

Solifenasiini on samankaltainen M_3-tyyppisten muskariinireseptorien antagonisti kuin darifenasiini, mutta hieman selektiivisempi. Sitä annostellaan kerran päivässä. Atsolit voivat vaikuttaa sen metaboliaan. Koska solifenasiini pidentää QT-aikaa, sitä ei saisi käyttää muiden samoin vaikuttavien lääkkeiden kanssa. Sivuvaikutukset ovat samanlaiset kuin darifenasiinillä, mutta mahdollisesti vähäisemmät.

1   http://www.pediatricnetwork.org/medical/q+a/bell/stimulants.htm

2   Berne Katrina. Running on Empty: The Complete Guide to Chronic Fatigue Syndrome. 1995. s. 203.

3   Bruno RL, Creange S, Zimmerman JR ym. Elevated Plasma Prolactin and EEG Slow Wave Power in Post-Polio Fatigue: Implications for a Dopamine Deficiency Underlying Post-Viral Fatigue Syndromes. J Chronic Fatigue Syndrome. 1998; 4: 61-76.

4   Olson LG, Ambrogetti A, Sutherland DC. A pilot randomized controlled trial of dexamphetamine in patients with chronic fatigue syndrome. Psychosomatics. 2003 Jan-Feb;44(1):38-43.

5   Berne Katrina. Running on Empty: The Complete Guide to Chronic Fatigue Syndrome. 1995. s. 194.

6   https://www.endfatigue.com/home.nsf/8db562925833d339852568a7004e27c 8/446fe60e7a2ae580852570dc0079b2a5

7   Ito T, Shibata K, Watanabe A ym. Neuroleptic malignant syndrome following withdrawal of amantadine in a patient with influenza A encephalopathy. Eur J Pediatr. 2001 Jun;160(6):401.

8   Blockmans D, Persoons P, Van Houdenhove B ym. Does methylphenidate reduce the symptoms of chronic fatigue syndrome? Am J of Med. 2006, 119(2), 167, E23-E30.

9   http://www.offerutah.org/batemanarticle.html

10 http://www.immunesupport.com/library/showarticle.cfm/ID/2926

11 http://www.cfids.org/archives/2002rr/2002-rr4-article01.asp

12 http://www.immunesupport.com/chronic-fatigue-syndrome-teitelbaum.htm

13 Garcia-Borreguero D, Serrano C, Larrosa O ym. Circadian effects of dopaminergic treatment in restless legs syndrome. Sleep Med. 2004 Jul;5(4):413-20.

14 Trenkwalder C. The weight of evidence for ropinirole in restless legs syndrome. Eur J Neurol. 2006 Oct;13 Suppl 3:21-30.

15 Lemke MR. [Antidepressant effects of dopamine agonists : Experimental and clinical findings.] Nervenarzt. 2007 Jan;78(1):31-8.

16 Kumru H, Santamaria J, Valldeoriola F ym. Increase in body weight after pramipexole treatment in Parkinson's disease. Mov Disord. 2006 Nov;21(11):1972-4.

17 http://www.remedyfind.com/ratinglong.aspx?RatingID=19824

18 Holman AJ, Myers RR. A randomized, double-blind, placebo-controlled trial of pramipexole, a dopamine agonist, in patients with fibromyalgia receiving

concomitant medications. Arthritis Rheum. 2005 Aug;52(8):2495-505.

19 Lemke MR. [Antidepressant effects of dopamine agonists : Experimental and clinical findings.] Nervenarzt. 2007 Jan;78(1):31-8.

20 http://www.offerutah.org/batemanarticle.html

21 McMurray RW. Bromocriptine in rheumatic and autoimmune diseases. Semin Arthritis Rheum. 2001 Aug;31(1):21-32.

22 https://www.endfatigue.com/home.nsf/8db562925833d339852568a7004e27c 8/446fe60e7a2ae580852570dc0079b2a5

23 Kawamura Y, Kihara M, Nishimoto K ym. Efficacy of a half dose of oral pyridostigmine in the treatment of chronic fatigue syndrome: three case reports. Pathophysiology. 2003 May;9(3):189-194.

24 http://home.vicnet.net.au/~mecfs/general/goldstein_treatment.html

25 Massara F, Ghigo E, Demislis K ym. Cholinergic involvement in the growth hormone releasing hormone-induced growth hormone release: studies in normal and acromegalic subjects. Neuroendocrinology. 1986;43(6):670-5.

26 Singer W, Opfer-Gehrking TL, Nickander KK ym. Acetylcholinesterase inhibition in patients with orthostatic intolerance. J Clin Neurophysiol. 2006 Oct;23(5):476-81.

27 https://www.endfatigue.com/home.nsf/Editable%20Documents/Treatment% 20Protocol

28 https://www.endfatigue.com/home.nsf/Editable%20Documents/Treatment% 20Protocol

29 Snorrason E, Geirsson A, Stefansson K. Trial of a selective acetylcholinesterase inhibitor, galanthamine hydrobromide, in the treatment of chronic fatigue syndrome. J of Chronic Fatigue Syndrome. 1996. 2(2/3): 35-54.

30 Harlow BL, Signorello LB, Hall JE ym. Reproductive correlates of chronic fatigue syndrome. Am J Med 1998;105:94S-99S.

31 Diefenbach K, Arold G, Wollny A ym. Effects on sleep of anticholinergics used for overactive bladder treatment in healthy volunteers aged > or = 50 years. BJU Int. 2005 Feb;95(3):346-9.

7. Sydän- ja verenpainelääkkeet

Beetasalpaajat

Beetasalpaajat tunnetaan parhaiten sydänlääkkeinä ja ahdistuksen estäjinä. Moni CFS:ää sairastava kärsii rytmihäiriöistä, joihin beetasalpaajista voi olla apua. Niillä on käyttöä myös migreenikohtausten profylaksissa, joskus myös virtsarakon vaivoissa. Käytön kanssa tulee kuitenkin olla varovainen, sillä CFS:ään liittyy hyvin usein alhainen verenpaine ja ortostaattinen hypotensio. Toisaalta beetasalpaajat voivat myös helpottaa ortostaattista hypotensiota.

Sivuvaikutuksina saattaa esiintyä hypoglykemiaa, mikä voi aiheuttaa ongelmia, koska monilla CFS:ää sairastavilla on taipumusta alhaiseen verensokeriin. Jostain syystä monilla CFS:ää sairastavilla beetasalpaajat myös johtavat terveydentilan heikkenemiseen. Beetasalpaajat voivat aiheuttaa kilpirauhasen vajaatoimintaa. Lisäksi ne on kontraindisoitu hoitamatonta sydämen vajaatoimintaa sairastavilla. CFS saattaa vaikeissa tapauksissa aiheuttaa sydämen vajaatoimintaa.

propranololi (Propral)

Propranololi on suosittu lääke edullisen hintansa ansiosta. Sitä pitää kuitenkin yleensä annostella useita kertoja päivässä. Vaikutukseltaan propranololi on epäselektiivinen, joten sitä ei tule käyttää astmapotilailla. Sillä on melko paljon yhteisvaikutuksia muiden lääkkeiden kanssa, erityisesti muiden sydänlääkkeiden.

atenololi (Atenol)

Myös atenololi on edullinen ja suosittu lääke. Se on vaikutuksiltaan kardioselektiivinen. Sillä on jonkin verran yhteisvaikutuksia muiden lääkkeiden kanssa ja esimerkiksi trisyklisiä masennuslääkkeitä käytettäessä pitää varoa, ettei potilaan verenpaine laske liikaa. Atenololi ei ole yhtä tehokas migreenin profylaksissa kuin esimerkiksi propranololi. Sillä on mahdollisesti vähemmän psykiatrisia sivuvaikutuksia kuin muilla beetasalpaajilla.

metoprololi (Spesicor)

Metoprololi on toinen kardioselektiivinen beetasalpaaja, jota voidaan yleensä antaa myös astmaatikoille. Sillä on yhteisvaikutuksia joidenkin lääkkeiden kanssa, mukaanlukien osa SSRI-masennuslääkkeistä. Metoprololisukkinaattivalmisteet ovat hitaasti imeytyviä.

pindololi (Visken)

Pindololi on huomattavan sympatomimeettinen ja hieman harvemmin käytetty beetasalpaaja, mutta lääkäri Jay Goldsteinin mukaan siitä voi olla apua kognitiivisiin ongelmiin, erityisesti CFS:ään joskus liittyvään, jopa amnestiseen muistinmenetykseen.[1] Ilmeisesti vaikutus liittyy pindololin aiheuttamaan 5-HT_{1A}-reseptorin salpaukseen, eikä niinkään antiadrenergiseen vaikutukseen.

Goldsteinin mukaa pindololi voi myös parantaa SSRI-masennuslääkkeiden antidepressiivistä vaikutusta sekä nopeuttaa niiden terapeuttisen vaikutuksen ilmentymistä ja tutkimukset viittaavat samaan.[2] Hän käyttää 5 mg annosta 2-3 kertaa päivässä.

Kalsiumsalpaajat

Avohoidossa kalsiuminestäjien pääasiallinen käyttötarkoitus on rytmihäiriöiden estäminen ja verenpaineen laskeminen. Koska CFS-potilaat kärsivät usein pikemminkin hypotensiosta kuin hypertensiosta, saattaa kalsiuminestäjien käyttö CFS:n hoidossa tuntua oudolta valinnalta. Hypotensiiviset lääkkeet saattavat kuitenkin toimia verenpainetta normalisoivina. Monet CFS-potilaat kärsivät myös rytmihäiriöistä ja takykardiasta.

Kalsiuminestäjien verisuonia laajentava ja NMDA-reseptoria salpaava vaikutus saattaa olla hyödyksi esimerkiksi kognitiivisten vaikeuksien hoidossa. Ne voivat auttaa myös migreeniin, krooniseen päänsärkyyn ja voivat yleisestikin helpottaa kroonisia kipuja.[3] Lisäksi kalsiuminestäjät ovat jossain määrin antikonvulsiivisia. Beetasalpaajien tapaan ne voivat helpottaa myös virtsaamisvaivoja. Vaikuttaa siltä, että niillä saattaa olla muitakin CFS:n hoidossa edullisia vaikutuksia.

verapamiili (Isoptin)

Verapamiilia käytetään suhteellisen usein CFS:n hoitoon ja sen käytöstä löytyy yksi tutkimuskin, jossa lääkettä kokeiltiin 25 CFS-potilaalle kuuden kuukauden ajan.[4] Lääkkeestä oli apua immuunijärjestelmälle, muistihäiriöihin ja lihaskipuihin. Potilaat kokivat myös uupumuksen vähentyneen. Yleinen annostus on 60-120 mg otettuna nukkumaan mentäessä.

Verapamiililla on runsaasti yhteisvaikutuksia eri lääkkeiden kanssa, erityisesti beetasalpaajien, antibioottien, mielialalääkkeiden ja epilepsialääkkeiden. Verapamiili on erittäin halpa lääke, joka maksaa vain muutamia euroja kuussa.

nimodipiini (Nimotop)

Nimodipiini on osoittautunut lupaavaksi CFS-hoidoksi, jolla on varsin vähän sivuvaikutuksia. Potilaat ovat raportoineet kipuherkkyyden vähentyneen ja energiatasojen, liikunnan sietokyvyn sekä kognitiivisen suorituskyvyn parantuneen.[5] Vaikutukset tulevat esiin jo muutamassa päivässä.

CFS-asiantuntija Jay Goldsteinin mukaan nimodipiini on tehokas hoito paniikkihäiriöön, johon muut lääkkeet eivät ole tehonneet, ja lisäksi saattaa auttaa masennukseen sekä parantaa narkoottisten kipulääkkeiden tehoa.[6] Andrew J. Wright käyttää nimodipiinia CFS-potilaiden ortostaattisen hypotension hoidossa.[7] Hän aloittaa hyvin pienellä, 7,5 mg annoksella, jota vähitellen kasvatetaan. Yleensä lopullinen annos on 30 mg kahdesti päivässä.

Toisin kuin verapamiilia nimodipiiniä voi ottaa myös aamuisin, sillä se ei aiheuta huimausta yhtä herkästi. Pienetkin annokset voivat kuitenkin aiheuttaa päänsärkyä. Nimodipiinillä on myös yhteisvaikutuksia monen muun valmisteen kanssa. Erityisesti mieliala- ja epilepsialääkkeiden samanaikainen käyttö saattaa vaikuttaa jommankumman tai molempien lääkkeen pitoisuuksiin. Yhtäaikaista käyttöä epilepsialääkkeiden kanssa ei suositella.

Muut verenpaine- ja sydänlääkkeet

Verenpainetta alentavia lääkkeitä käytettäessä tulee muistaa, että ne lisäävät usein toistensa vaikutusta. Tästä voi olla hyötyä verenpainetautia hoidettaessa, mutta useimmat CFS-potilaat kärsivät ennemminkin alhaisesta verenpaineesta. Lääkitys kannattanee aloittaa pienellä annoksella, jota vähitellen kasvatetaan, jotta verenpaine ei laske liikaa.

klonidiini (Catapresan)

Klonidiini on sentraalisesti vaikuttava alfasalpaaja. Sitä käytetään CFS-potilailla esimerkiksi takykardian ja ortostaattisen hypotension hoidossa.[8] Siitä on usein apua myös neuropaattiseen kipuun ja muunkin tyyppisiin kipuihin, ilmeisesti useidenkin eri vaikutusmekanismien kautta.[9, 10] Sitä on kokeiltu hyvin tuloksin myös ärtyneen paksusuolen hoitoon.[11] Muita mahdollisia käyttötarkoituksia ovat mm. migreeni ja yliaktiivinen rakko.[12]

Erään tutkimuksen mukaan klonidiinista voi olla apua CFS:ään liittyvissä kognitiivisissa vaikeuksissa.[13] Joskus sitä käytetään myös unilääkkeenä. Ilmeisesti pienet annokset lisäävät REM-unen määrää ja suuremmat annokset vähentävät sitä.[14] Vaikutusmekanisminsa ansiosta klonidiini lisää kasvuhormonin eritystä.[15] Sillä on myös antihistamiinin kaltaista vaikutusta.[16]

Klonidiinin käytössä kehotetaan varovaisuuteen, jos potilas kärsii verenkiertohäiriöistä, masennuksesta, polyneuropatiasta tai ummetuksesta. Tähän lukeutunevat lähes kaikki CFS-potilaat, mutta ilmeisesti lääkettä on käytetty CFS-potilaiden hoidossa ilman suurempia ongelmia.

Kloniidinia ei saisi mielellään yhdistää trisyklisiin masennuslääkkeisiin tai alfareseptoreita salpaaviin neurolepteihin. Se saattaa voimistaa keskushermostoon vaikuttavien lääkkeiden vaikutusta. Väsymys, huimaus ja suun kuivuminen ovat yleisimpiä haittavaikutuksia. Hoitoa ei saa keskeyttää äkillisesti, vaan vähitellen muutaman päivän kuluessa. Hinnaltaan klonidiini on erittäin halpa.

pratsosiini (Pratsiol)

Pratsosiini on selektiivinen alfasalpaaja. Toisin kuin muut alfasalpaajat se ei vaikuta alfa$_2$-reseptoreihin. Verenpainetaudin lisäksi sitä käytetään myös Raynaudoireen ja eturauhasen liikakasvuun liittyvien virtsaamisvaikeuksien hoitoon. Ilmeisesti siitä voi olla apua myös CFS-potilaiden interstitiaalin kystiitin ja muiden virtsatieongelmien lievittämisessä.[17]

Samankaltaisella teratsosiinilla on saatu tuloksia naisten rakon tyhjentämiseen liittyvissä virtsaamisvaivoissa[18] ja miesten nokturiassa.[19] Pratsosiinista on tutkimuksia myös PTSD:n ja siihen liittyvien unihäiriöiden hoidossa.[20]

Nenän tukkoisuus sekä ortostaattinen hypotensio ja siihen liittyvä pyörtyminen ovat mahdollisia haittavaikutuksia. Niinpä äkillistä ylösnousemista tulee välttää. Myös uneliaisuutta, pahoinvointia ja sydämentykytystä voi esiintyä. Usein sivuvaikutukset ovat kuitenkin voimakkaimmillaan ensimmäisen annoksen jälkeen ja vähenevät sitten. Niitä voidaan myös vähentää kun hoito aloitetaan hyvin pienellä annoksella.

moksonidiini (Physiotens)

Moksonidiini on sentraalisesti vaikuttava verenpainelääke, joka kiinnittyy I$_1$-tyypin imidatsoliinireseptoriin. Toisin kuin klonidiinillä sillä on vain vähän antiadrenergista vaikutusta. Lisäksi se parantaa insuliiniherkkyyttä. Sillä on myös käyttöä kipulääkkeenä.[21] Moksonidiinin käytöstä fibromyalgian hoidossa on parhaillaan meneillä kaksoissokkotutkimus Yhdysvalloissa.[22] Uskotaan, että lääke voi helpottaa fibromyalgian ja CFS:n oireita vähentämällä sympaattisen hermoston aktiviteettia.

Moksonidiinin käyttöä alkoholin, bentsodiatsepiinien ja trisyklisten masennuslääkkeiden kanssa ei suositella, sillä se vahvistaa näiden ja muiden sedatiivisten aineiden rauhoittavaa vaikutusta. Lääkettä ei myöskään saisi käyttää jos potilas kärsii Raynaud-oireesta, epilepsiasta tai masennuksesta. Haittavaikutuksina voi esiintyä suun kuivumista, päänsärkyä, voimattomuutta, huimausta, pahoinvointia ja unihäiriöitä. Yleisesti moksonidiinillä on kuitenkin vähän sivuvaikutuksia.

glyserolitrinitraatti (Nitro)

Nitroglyseriiniä on käytetty yllättävän paljon CFS:n hoidossa pienillä annoksilla. Sen on raportoitu helpottavan CFS-potilaiden lukuisia eri oireita, mm. päänsärkyä, muita särkyjä, kurkkukipua, IBS-oireita, dyspneaa ja näkövaikeuksia sekä uupumusta, kognitiivisia kykyjä sekä mielialaa.[23, 24] Ilmeisesti fibromyalgiaa sairastavat CFS-potilaat hyötyvät hoidosta muita enemmän ja osalla heistä nitroglyseriini lievittää kipuja enemmän kuin mikään muu hoito. Usein oireet helpottavat jo muutamassa minuutissa.

Yleensä hoidosta ei tule sivuvaikutuksia, mutta päänsärkyä, verenpaineen laskua ja huimausta saattaa esiintyä. Joskus nitroglyseriinihoidolle tuntuu myös kehittyvän toleranssi ja sen teho voi heiketä huomattavasti jo ensimmäisten antokertojen jälkeen.[25]

disopyramidi (Disomet)

Disopyramidia käytetään rytmihäiriöiden hoidossa, mistä voi olla hyötyä CFS-potilailla. Pääasiallinen käyttötarkoitus CFS:ssä on kuitenkin ortostaattisen hypotension hoitaminen, jota on eräässä pienehkössä tutkimuksessa tutkittukin.[26] Charles Lapp suosittelee disopyramidia käytettäväksi yhdessä fludrakortisonin kanssa.[27]

Disopyramidi on kontraindisoitu käytettäessä muita sydänlihasta lamaavia lääkkeitä, kuten beetasalpaajia tai kalsiuminestäjiä. Esimerkiksi trisykliset masennuslääkkeet voivat vahvistaa disopyramidin QT-aikaa pidentävää vaikutusta. Muiden antikolinergisten lääkkeiden yhtäaikainen käyttö voi lisätä sivuvaikutusten määrää ja esimerkiksi erytromysiini saattaa kasvattaa disopyramidin toksisuutta. Yleisimmät sivuvaikutukset ovat antikolinergisiä, mutta sydänoireitakin voi esiintyä.

hepariini (Heparin Leo)
enoksapariini (Klexane)

Hepariini on antikoagulantti ja vanhimpia yhä käytössä olevia lääkkeitä. On teorisoitu, että osa CFS-potilaista kärsii hyperkoagulaatiosta.[28] Tämän teorian mukaan fibriiniä kertyy verisuoniin ja tästä seuraava verenkierron heikentyminen aiheuttaa kaikki tai ainakin osan oireista. Syynä voi olla geenivirhe tai immuunijärjestelmän reaktio johonkin mikrobiin. Hyperkoagulaatio on yhdistetty moniin eri virus- ja bakteeri-infektioihin, mm. mykoplasmaan ja borreliaan.[29]

Lääkäri David Berg käyttää hoitona mm. hepariinia.[30] Hänen mukaansa useimmat sillä hoidetuista potilaista tunsivat itsensä melkein terveiksi jo 48-96 tunnin sisällä hoidon aloittamisesta. David Cheneyn mukaan hepariini auttaa CFS:ssä liian Th2-voittoista immuunijärjestelmää siirtymään Th1:n puolelle.[31]

Hepariinilla on myös antiviraalista vaikutusta.[32] Lisäksi sitä on käytetty interstitiaalin kystiitin hoidossa.[33]

Hepariinin ongelmana on lyhyt puoliintumisaika, etenkin kun se pitää antaa pistoksena joko suoneen tai ihon alle. Kalliimman pienimolekyylisen hepariinin, enoksapariinin, puoliintumisaika on pidempi ja yksi annostelukerta päivässä riittää. Myös enoksapariini pitää annostella injektiona, mutta sitä on saatavilla valmiiksi täytetyissä ruiskuissa.

Hepariinin käyttöä tulisi välttää ennen leikkaustoimenpiteitä ja lumbaalipunktiota. Sitä ei myöskään saa antaa potilaille, joilla on ollut vatsahaava. Tulehduskipulääkkeet lisäävät hepariinin vaikutusta. Trombosytopenia ja verenvuodot ovat mahdollisia, joskin harvinaisia haittavaikutuksia. Joskus esiintyy ärsytystä pistokohdassa tai allergisia reaktioita.

1 http://home.vicnet.net.au/~mecfs/general/goldstein_treatment.html

2 Li DL, Simmons RM, Iyengar S. 5HT1A receptor antagonists enhance the functional activity of fluoxetine in a mouse model of feeding. Brain Res. 1998 Jan 19;781(1-2):119-26.

3 Schroeder CI, Doering CJ, Zamponi GW ym. N-type calcium channel blockers: novel therapeutics for the treatment of pain. Med Chem. 2006 Sep;2(5):535-43.

4 http://www.wfprofessional.com/treatment.htm

5 http://www.wfprofessional.com/treatment.htm

6 http://home.vicnet.net.au/~mecfs/general/goldstein_treatment.html

7 http://web.archive.org/web/20031231214020/http://www.cfsresearch.org/cfs/research/treatment/drandrew.pdf

8 http://www.co-cure.org/experts.htm

9 https://www.endfatigue.com/home.nsf/8db562925833d339852568a7004e27c8/446fe60e7a2ae580852570dc0079b2a5

10 Tryba M, Gehling M. Clonidine - a potent analgesic adjuvant. Curr Opin Anaesthesiol. 2002 Oct;15(5):511-7.

11 Camilleri M, Kim DY, McKinzie S ym. A randomized, controlled exploratory study of clonidine in diarrhea-predominant irritable bowel syndrome. Clin Gastroenterol Hepatol. 2003 Mar;1(2):111-21.

12 Sandyk R, Gillman MA, Iacono RP ym. Clonidine in neuropsychiatric disorders: a review. Int J Neurosci. 1987 Aug;35(3-4):205-15.

13 Morriss RK, Robson MJ, Deakin JF. Neuropsychological performance and noradrenaline function in chronic fatigue syndrome under conditions of high arousal. Psychopharmacology (Berl). 2002 Sep;163(2):166-73.

14 Miyazaki S, Uchida S, Mukai J ym. Clonidine effects on all-night human sleep: opposite action of low- and medium-dose clonidine on human NREM-REM sleep proportion. Psychiatry Clin Neurosci. 2004 Apr;58(2):138-44.

15 Devesa J, Arce V, Lois N ym. Alpha 2-adrenergic agonism enhances the growth hormone (GH) response to GH-releasing hormone through an inhibition of hypothalamic somatostatin release in normal men. J Clin Endocrinol Metab. 1990 Dec;71(6):1581-8.

16 Miadonna A, Tedeschi A, Leggieri E ym. Clonidine inhibits IgE-mediated and IgE-independent in vitro histamine release from human basophil leukocytes. Int J Immunopharmacol. 1989;11(5):473-7.

17 Berne Katrina. Running on Empty: The Complete Guide to Chronic Fatigue Syndrome. 1995. s. 203.

18 Kessler TM, Studer UE, Burkhard FC ym. The effect of terazosin on functional bladder outlet obstruction in women: a pilot study. J Urol. 2006 Oct;176(4 Pt 1):1487-92.

19 Paick JS, Ku JH, Shin JW ym. Alpha-blocker monotherapy in the treatment of nocturia in men with lower urinary tract symptoms: a prospective study of response prediction. BJU Int. 2006 May;97(5):1017-23.

20 van Liempt S, Vermetten E, Geuze E ym. Pharmacotherapy for disordered sleep in post-traumatic stress disorder: a systematic review. Int Clin Psychopharmacol. 2006 Jul;21(4):193-202.

21 Fairbanks CA, Wilcox GL. Moxonidine, a selective alpha2-adrenergic and imidazoline receptor agonist, produces spinal antinociception in mice. J Pharmacol Exp Ther. 1999 Jul;290(1):403-12.

22 http://www.phoenix-cfs.org/EYE%20ON...The%20Researchers.htm

23 Berne Katrina. Running on Empty: The Complete Guide to Chronic Fatigue Syndrome. 1995. s. 184-185.

24 Verrillo Erica F, Gellman Lauren M. Chronic Fatigue Syndrome: A Treatment Guide. 1997. s. 189-190.

25 http://home.vicnet.net.au/~mecfs/general/goldstein_treatment.html

26 Bou-Holaigah I, Rowe PC, Kan J ym. The relationship between neurally mediated hypotension and the chronic fatigue syndrome. JAMA. 1995 Sep 27;274(12):961-7.

27 http://www.immunesupport.com/library/showarticle.cfm/ID/2926/

28 Berg D, Berg LH, Couvaras J ym. Chronic fatigue syndrome and/or fibromyalgia as a variation of antiphospholipid antibody syndrome: an explanatory model and approach to laboratory diagnosis. Blood Coagul Fibrinolysis. 1999 Oct;10(7):435-8.

29 http://www.drcharlescrist.com/hypercoagulation.htm

30 http://www.ncf-net.org/library/hemex-hypercoag-1998.htm

31 http://www.chronicfatiguesupport.com/library/showarticle.cfm/ID/2925/

32 Ramos-Kuri M, Barron Romero BL, Aguilar-Setien A. Inhibition of three alphaherpesviruses (herpes simplex 1 and 2 and pseudorabies virus) by heparin, heparan and other sulfated polyelectrolytes. Arch Med Res. 1996 Spring;27(1):43-8.

33 van Ophoven A, Heinecke A, Hertle L. Safety and efficacy of concurrent application of oral pentosan polysulfate and subcutaneous low-dose heparin for patients with interstitial cystitis. Urology. 2005 Oct;66(4):707-11.

8. Hormonit ja immunomodulaattorit

Kortikosteroidit

CFS:ään saattaa liittyä lisämunuaisen vajaatoimintaa[1], erityisesti naisilla[2], joka ei kuitenkaan ole yhtä vaikea-asteista kuin Addisonin taudissa, eikä välttämättä näy yksittäisissä verikokeissa. Hyödyllisempi testi on vuorokausikortisolimittaus. Viiterajoihin ei kuitenkaan tulisi tukeutu orjallisesti, sillä ne ovat vain suuntaa-antavia arvoja. Hyvin yleistä on, että HPA-akseli ei reagoi riittävästi stressiin (ns. adrenal fatigue).[3] Eräässä tutkimuksessa CFS-potilaiden lisämunuaisten todettiin surkastuneen jopa 50%.[4]

Myös keskushermostoa stimuloiva vaikutus, tulehdussytokiinien liiallisen erityksen vähentäminen ja muut anti-inflammatoriset vaikutukset saattavat selittää glukokortikoidien tehon osalla potilaista. Alussa vaste voi olla huomattava, mutta usein oireet kuitenkin palaavat muutaman kuukauden hoidon jälkeen. Läheskään kaikki CFS:sää sairastavat eivät saa mitään apua hoidosta.

Hoito on erittäin halpaa, mutta pitkäaikaiskäytössä kortisonihoidon sivuvaikutukset voivat tunnetusti aiheuttaa huomattavia ongelmia. Immunosuppressio voi johtaa erilaisiin opportunistisiin infektioihin, joita voi olla vaikeampi havaita, kun kortisoni peittää oireet. Luuntiheyden aleneminen on hyvin yleistä. Osteoporoosilääkityksen yhdistämistä glukokortikoidihoitoon on syytä harkita.

Diabetes, osteonekroosi ja kaihit ovat muita merkittäviä riskejä. Usein esiintyy huomattavaa painonnousua ja rasvan kerääntymistä tietyille alueille, erityisesti kasvoihin, niskaan ja keskivartaloon. Muita mahdollisia haittavaikutuksia ovat esimerkiksi masennus ja muut psykiatriset oireet, unettomuus, akne, lihasheikkous, lihas- ja nivelsäryt, hirsutismi ja nesteen keräytyminen.

Suuriannoksinen hoito aiheuttaa lähes aina lisämunuaisten oman hormonituotannon suppressiota. CFS-potilailla tarvitaan yleensä hitaampaa "vieroitusta" kuin muilla potilailla, esim. prednisoniannosta vähennetään vain puoli tablettia joka toinen päivä kuukauden välein. Annoksen hidaskin vähentäminen voi aiheuttaa monenlaisia oireita, kuten uupumuksen pahenemista, lihas- ja nivelsärkyjä, kuumetta, päänsärkyä, masennusta, unettomuutta, ortostaattista hypotensiota ja hypoglykemiaa.

prednisoni (Prednison)
prednisoloni (Prednisolon)

Prednisoni on keskipitkävaikutteinen glukokortikoidi, jolla on jonkin verran vaikutusta myös mineralokortikoidina. Sen käytöstä CFS:n hoidossa ei ole olemassa tutkimusnäyttöä, mutta joillain potilailla lääke toimii erittäin hyvin, ainakin muutaman kuukauden ajan.

Prednisonia käytetään CFS:n hoitoon esimerkiksi HYKSin infektiosairauksi-en klinikalla annoksella 5-10 mg vuorokaudessa, joka vastaa n. 20-40 milligram-maa hydrokortisonia. Yleensä hoito aloitetaan kaksi kertaa suuremmalla annok-sella, josta sitten vähennetään ylläpitoannokseen muutaman viikon aikana.

hydrokortisoni (Hydrocortison)

Hydrokortisoni on sama aine kuin lisämunuaisten tuottama kortisoli, mutta tämä ei sinänsä tee siitä parempaa kuin muista glukortikoideista. Erona prednisoniin verrattuna on vaikutuksen lyhyempi kesto ja huomattavan suuri mineralokorti-koidivaikutus. Jälkimmäisestä voi olla haittaa, mutta CFS:n hoidossa yleensä to-dennäköisesti hyötyä. Suomessa hydrokortisonia on harvemmin käytetty CFS:n hoidossa, mutta ulkomailla siitä on jonkin verran kokemusta. Tuloksia on saatu osalla potilaista useammassakin kaksoissokkotutkimuksessa.[5, 6, 7]

CFS Treatment Guide suosittelee 5-20 mg päiväannosta.[8] Andrew J. Wrigh-tin määräämä annos vaihtelee 2,5-15 mg välillä.[9] Lääkäri Sarah MyHill käyttää toisinaan 5-10 mg päiväannosta, jolla hänen mukaansa ei ole sivuvaikutuksia ei-kä suppressoivaa vaikutusta lisämunuaisen toimintaan.[10] Myöskään toisessa kak-soissokkotutkimuksessa ei havaittu lisämunuaisten vajaatoimintaa, lieviä sivu-vaikutuksia oli muutamalla potilailla. Toisessa tutkimuksessa todetut sivuoireet olivat yhtä lailla lieviä, mutta hydrokortisonilla hoidetuista yli 30%:lla todettiin lisämunuaisen jonkinasteista suppressiota. Annos oli kuitenkin hieman suu-rempi.

fludrokortisoni (Florinef)

Fludrokortisoni on ennen kaikkea mineralokortikoidi, mutta sillä on hieman myös glukokortikoidista vaikutusta. Suuri osa CFS:ää sairastavista kärsii myös ortostaattisesta hypotensiosta, joka voi pahimmillaan olla niin vaikea-asteista, ettei potilas kykene lainkaan seisomaan. Lievemmissäkin tapauksissa ongelman hoitaminen voi helpottaa huomattavasti myös CFS:n oireita.

Osa CFS:ään liittyvistä verenkierto-ongelmista saattaa johtua hypovolemias-ta. Tähänkin voi fludrokortisonista olla apua. Kaikissa tutkimuksissa fludrokorti-sonista ei ole osoittautunut olevan apua apua CFS:n hoidossa, mutta eräässä tut-kimuksessa saatiin hyviä tuloksia, jopa täydellinen remissio osalla potilaista käyttämällä fludrakortisonin ja muiden ortostaattisen hypotension hoitojen yh-distelmää.[11] Fludrakortisonia suosittelevat CFS-hoidoksi mm. Richard Podell[12] ja Charles Lapp.[13]

Monet CFS:ää hoitavat lääkärit suosittelevat, että lääkitys aloitetaan hyvin pienellä annoksella, vain neljäsosa tablettia ensimmäisen neljän yön aikana ja annosta lisätään aina neljäsosatabletti neljän päivän välein.[14] Andrew J. Wright

84

jättää annoksen tähän neljännestablettiin.[15] On mahdollisesti myös tärkeää ottaa lääke aina samaan aikaan vuorokaudesta.

Kaliumlisä on usein aiheellinen ja lisäksi potilaan on tärkeää nauttia runsaasti nesteitä sekä riittävästi proteiinia. Jos lääke aiheuttaa päänsärkyä tai vatsaärsytystä, sen ottaminen vesilasillisen kanssa saattaa auttaa. Fludrokortisoni voi aiheuttaa myös masennusta tai nostaa verenpainetta liian voimakkaasti.

Muut hormonit

Lisämunuaisten vajaatoiminnan lisäksi krooniseen väsymysoireyhtymään voi liittyä käytännössä kaikkien muidenkin kehon endokriinisten järjestelmien häiriöitä ja vajaatoimintaa.[16, 17] Vaikka mittaustulokset olisivat viiterajojen sisäpuolella, voivat alhaiset lukemat silti kertoa vajaatoiminnasta. Numeroihin tuijottamisen sijasta tulisi huomioida potilaan tila kokonaisuutena.

tyroksiini (Thyroxin)
Armour thyroid

Monesti näkyy virheellisesti väitettävän, että kilpirauhasen vajaatoimintaa ei esiinny CFS:ssä, ja että hypotyreoosidiagnoosi poissulkee CFS:n. Tämä ei kuitenkaan ole totta, sillä CFS:ssä esiintyy usein kilpirauhasen vajaatoimintaa erityisesti naispotilailla. On myös mahdollista, että pelkkä hypotyreoosi diagnosoidaan CFS:ksi laboratorioarvojen ollessa normaalin rajoissa.

Lääkäri Gordon R. Skinner teki aiheesta tutkimuksenkin, jossa 76% 139 potilaasta hyötyi selvästi kilpirauhashormonilisästä, vaikka hormoniarvoja katsomalla heillä ei ollut vajaatoimintaa.[18] On esitetty, että fibromyalgia olisi ainakin osittain kilpirauhasen vajaatoiminnan aiheuttamaa.[19] Erään näkemyksen mukaan kilpirauhasen vajaatoiminta, kuten diabeteskin, voidaan jakaa joko hormonin puutostilaan tai resistenssiin, jossa hormonia vaaditaan paljon normaalia suurempia määriä.[20]

Kilpirauhashormoni on ehdottomasti kokeilemisen arvoista, jos oireet viittaavat hypotyreoosiin, vaikka T3 ja T4 eivät jäisikään viiterajojen alapuolelle. Jos potilaalla on lisäksi lisämunuaisen vajaatoimintaa, jota CFS:ssä usein esiintyy, tarvitaan myös pieni kortisoniannos, jotta kilpirauhashormonista on apua.

Kilpirauhashormonikorvauksella ei ole sinänsä sivuvaikutuksia, mutta liiallinen annostelu voi aiheuttaa liikatoiminnan oireita, erityisesti jos annosta nostetaan liian nopeasti. Läheskään aina pelkällä tyroksiinilla ei voida korjata vajaatoiminnan oireita. Usein potilaat hyötyvät kalliimmasta Armour thyroid -valmisteesta selvästi synteettistä T4-hormonia enemmän. Lääkäri Kent Holtorfin mukaan T4-valmisteista ei ole yleensä apua CFS:ssä, vaan niiden sijaan pitäisi käyttää T3-hormonia.[21]

melatoniini

Jostain syystä melatoniinin käyttöä karsastetaan Suomessa. Lääkelaitos ei ole hyväksynyt sille mitään käyttöaihetta eikä sitä ole saatavilla millään tuotenimikkeellä, vaikka esimerkiksi Yhdysvalloissa melatoniinia saa luontaistuotekaupoista. Suomessakin sitä voi määrätä potilaille, mutta lääkärit kovin harvoin tekevät niin. Kyseessä on kuitenkin käypä ja turvallinen unilääke, josta on usein apua CFS:äänkin liittyvissä unihäiriöissä, sekä monissa muissakin vaivoissa. Sillä on runsaasti erilaisia edullisia vaikutuksia ja vain vähän potentiaalisia riskejä.

Lääkäri Andrew J. Wrightin mukaan jopa 60%:lla hänen CFS-potilaistaan melatoniinin eritystä ei havaittu lainkaan.[22] Hän käyttää vain 0,5 mg annosta. Sama annostelu on käytösssä myös Jacob Teitelbaumilla. Eräässä tutkimuksessa melatoniini paransi CFS-potilaiden elämänlaatua ja lisäsi funktionaalisuutta.[23] Myös toisessa tutkimuksessa saatiin hyviä tuloksia useammilla eri mittareilla käytettäessä 5 mg annosta.[24]

3 mg annoksella lienee hyvä aloittaa – lääkäri Charles Lapp käyttää CFS-potilaillaan 3-6 mg annoksia, David Bellin käytössä on 3 mg annos ja Sarah MyHill määrää 3-9 mg annosta. Lucinda Bateman suosittelee muutaman päivän korkea-annoksista "pulssia", mutta ei kuvaile tätä sen tarkemmin.[25]

Uneen kohdistuvan vaikutuksen lisäksi melatoniini on erittäin vahva antioksidantti ja jossain määrin myös immunostimulantti.[26] Melatoniinia onkin kokeiltu joidenkin immuunijärjestelmän sairauksien hoidossa. Lisäksi melatoniini sieppaa typpioksidia, mitä pidetään hyödyllisenä CFS:n hoidossa, sekä lisää kasvuhormonin eritystä.[27] Sillä on myös antikonvulsiivista vaikutusta.[28] Melatoniinista voi olla apua migreenin ja muiden päänsärkyjen ehkäisyssä[29] sekä ärtyneen paksusuolen hoidossa.[30]

Melatoniinilla on yleensä hyvin vähän mitään sivuvaikutuksia. Toisin kuin useimmat unilääkkeet se ei aiheuta riippuvuutta tai aamutokkuraisuutta. Mahdolliset haittavaikutukset voivat muistuttaa CFS:n oireita. Esimerkiksi takykardiaa, väsymystä, masennusta ja päänsärkyjä voi esiintyä. Melatoniini voi aiheuttaa ortostaattista hypotensiota. Se saattaa pahentaa ainakin joitain autoimmuunisairauksia.[31] Melatoniinin käyttö yhdessä MAO-estäjien kanssa voi johtaa vaikutuksen liialliseen voimistumiseen.

ehkäisypillerit/laastarit/estrogeenikorvaushoito

CFS:ssä esiintyy usein endokriinistä vajaatoimintaa ja vaikeissa sairaustapauksissa vaihdevuodet voivat pahimmillaan alkaa jo nuoruusiässä, jolloin menetetään naishormonien edulliset vaikutukset kuten luun tiheyden ylläpito ja unensaannin helpottaminen. CFS:ää sairastavien naispotilaiden "hormonikorvaushoitona" on yleisesti käytetty ehkäisypillereitä. E-pillereillä voidaan myös tasata kuukautiskiertoa, joka CFS:ää sairastavilla on muita naisia epäsäännöllisempi.[32] Ne saattavat auttaa myös ortostaattiseen hypotensioon.[33]

86

Amerikkalainen lääkäri Elizabeth Lee Vliet uskoo, että munasarjojen vajaatoiminta voi toimia laukaisevana tekijänä CFS:n synnyssä.[34] Hänen mukaansa kaikilla CFS:ää ja fibromyalgiaa sairastavilla naisilla on alhaiset estrogeenitasot ja jopa 75% tulee parempaan kuntoon saatuaan estrogeeni-, testosteroni- ja DHEA-lisää kuuden kuukauden ajan. Vliet suosii ehkäisylaastareita, sillä niiden avulla hormonitasot pysyvät tasaisempina kuin pillereillä.

Muutkin lääkärit uskovat estrogeenista olevan apua fibromyalgiaa sairastaville.[35] Lisäksi siitä näyttää olevan apua myös masennuksen ja kognitiivisten ongelmien hoidossa.[36, 37] Osalle CFS-potilaista minkään merkkiset ehkäisypillerit eivät sovi vaan pahentavat oireita, ja tällöin hoito täytyy tietysti keskeyttää. Tietyt lääkkeet kuten karbamatsepiini heikentävät e-pillereiden ehkäisytehoa ja siten todennäköisesti myös niiden terapeuttista vaikutusta.

testosteroni

Testosteroni on naisille yhtä lailla tärkeä hormoni kuin miehillekin, vaikka naisilla pitoisuudet ovat luonnollisesti miesten tasoja alhaisemmat. Se on yhdistetty mm. mielialaan ja kognitiiviseen funktioon. Testosteronin puutostila voi aiheuttaa monenlaisia oireita, kuten libidon laskemista ja yleistä huonovointisuutta. Sitä onkin käytetty monenlaisten vaivojen, mm. kroonisen klusteripäänsäryn hoidossa.[38]

Elizabeth Vliet painottaa, että CFS:ää sairastavilla naisilla pitää aloittaa ensin estrogeenilisä ja vasta myöhemmin tarvittaessa lisätään mukaan testosteroni.[39] Mikrobiologian ja immunologian professori, sukupuolihormoneihin perehtynyt Hillary D. White on sitä mieltä, että testosteroni on parhaita hoitoja fibromyalgiaan ja hän käyttää sitä itsekin.[40] Tutkimustulosten valossa tämä vaikuttaa ymmärrettävältä, sillä fibromyalgiaa sairastavilta on löydetty huomattavasti normaalia alhaisemmat testosteronitasot.[41]

CFS:ää sairastavista ei valitettavasti ole tehty tutkimuksia, tosin erään japanilaisen tapausselostuksen mukaan C-vitamiinilla höystetty DHEA-infuusio helpotti CFS:n oireita nimenomaan lisääntyneen testosteronin ansiosta.[42] Liiallinen testosteroniannos voi aiheuttaa aknea, painajaisia, mielialanvaihteluita ja naisilla karvoituksen lisääntymistä. Alhainen testosteronitaso on kuitenkin suuri riskitekijä mm. diabeteksen, eturauhassyövän, Alzheimerin taudin ja sydäntautien suhteen.

oksitosiini (Syntocinon)

Oksitosiinia on käytetty jonkin verran CFS:n hoidossa. Lääkäri Jorge Flechas uskoo, että CFS:ää sairastavat voivat kärsiä oksitosiinin puutoksesta.[43] Hän määrää CFS:ää sairastaville potilailleen ensin veriarvojen mukaisen DHEA-lisän ja sen jälkeen oksitosiinia.[44] Positiiviset vaikutukset tulevat hänen mukaansa esiin kahden viikon sisällä. Lääkäri Charles Lapp kuvaa, että oksitosiinin hyödyt voivat parhaimmillaan olla todella huomattavat.[45] Käytännön ongelmana on lääkkeen annostelu, sillä sitä pitäisi pistää intramuskulaarisesti päivittäin.

Jay Goldstein käyttää 5-10 yksikön päiväannosta jaettuna 1-2 annoskertaan.[46] Hänen mukaansa oksitosiinin vaikutukset ovat hyvin monimuotoisia ja se auttaa noin viidesosaa potilaille, joille muista hoidoista ei ole ollut apua. Se ei välttämättä helpota uupumusta, mutta kognitiiviset ongelmat ja fibromyalgiakivut helpottavat monilla potilailla selvästi, ja kadonnut seksuaalinen halukkuus voi palautua. Lisäksi oksitosiini estää toleranssin muodostumista opiaateille.

Oksitosiinia käytetään synnytyksen käynnistämiseen, joten sitä ei luonnollisestikaan saa koskaan antaa raskaana oleville naisille. Sillä on myös vasopressiinin kaltaisia antidiureettisia vaikutuksia, jotka voivat olla edullisia CFS:n hoidossa, mutta pitkäkestoinen hoito voi aiheuttaa turvotusta ja elektrolyyttitasapainon häiriöitä. Oksitosiini voi myös laskea verenpainetta ja aiheuttaa sydämen rytmihäiriöitä. Käytettäessä sitä sydänsairauksista kärsiville potilaille pitää noudattaa erityistä varovaisuutta. Suurin ongelma on kuitenkin annostelumenetelmä ja kallis hinta.

dehydroepiandrosteroni (DHEA)

Dehydroepiandrosteroni eli DHEA on luonnollinen steroidihormoni, joka on mm. testosteronin ja estrogeenin esiaste. Sitä on kehossa enemmän kuin mitään muuta hormonia. Monissa maissa DHEA:ta käytetään paljonkin eri sairauksien hoitoon, mutta Suomessa harvoin, lähinnä vaihdevuosihoidoissa.

DHEA ei vaikuta vain sukupuolihormonien määrään, vaan sillä on ilmeisesti myös anti-inflammatorista ja immunomodulatorista vaikutusta. Sitä on käytetty mm. SLE:n hoidossa ilman merkittäviä haittavaikutuksia.[47] Sillä on monia vaikutuksia keskushermostossa, jossa se näyttää toimivan neuroprotektiivisesti.[48] DHEA voi myös pienentää osteoporoosin riskiä, mikä on tärkeää CFS:ää sairastaville.[49]

Tutkimustulokset CFS:n ja DHEA:n yhteydestä ovat olleet ristiriitaisia. Joidenkin tutkimusten mukaan hormonia erittyy liian vähän[50, 51], toisten mukaan taas liikaa.[52] Joka tapauksessa DHEA:ta on käytetty CFS:n hoidossa varsin yleisesti, mutta hoitoa ei pitäisi aloittaa ennen kuin DHEAS:n pitoisuus veressä on ensin mitattu ja todettu alhaiseksi. Andrew J. Wright suosittelee naisille 10 mg kahdesti päivässä ja miehille 25 mg kahdesti päivässä.[53] Hänen mukaansa huomattavaa konversiota sukupuolihormoneiksi ei tapahdu alle 50 mg päiväannoksella.

Sivuvaikutuksia ei yleensä esiinny pienillä annoksilla, mutta suurempien, yli 50 mg annosten pitkäaikainen käyttö voi aiheuttaa aknea, sydämen rytmihäiriöitä, painonnousua, kuukautisongelmia, hiustenlähtöä, hirsutismia, insuliiniresistanssia, muita rasva-arvojen muutoksia sekä mahdollisesti lisätä rinta-, munasarja- ja eturauhassyövän riskiä. Pienemmätkin annokset voivat laskea HDL:n
88

eli hyvän kolesterolin määrää.

somatropiini (Humatrope)

Somatropiini on synteettinen muoto ihmisen kasvuhormonista. Sitä on käytetty lyhytkasvuisuuden lisäksi myös esimerkiksi AIDS:iin liittyvän kakeksian hoidossa sekä myös CFS:n hoitoon.[54] Useiden tutkimusten perusteella CFS-potilailla näyttäisi olevan poikkeavuuksia kasvuhormonin erityksessä.[55, 56] Lääkäri Levinen mukaan kasvuhormonin käyttö voi parantaa CFS-potilaan unenlaatua, jos siitä on elimistössä vajausta.[57]

Paul Cheney puolestaan uskoo, että CFS.ään liittyvä kasvuhormonin vajaus heikentää paitsi unen laatua, myös maksan toimintaa.[58] Hän käyttää hyvin pientä 0,1-1 mg annosta kerran viikossa. Eräässä tutkimuksessa kasvuhormonia annettiin 20 CFS-potilaalle ja vaikka potilaiden elämänlaatu ei merkittävästi parantunut, neljä potilaista palasi töihin pitkän sairasloman jälkeen.[59] Kasvuhormonin eritystä voi lisätä myös mm. pyridostigmiinillä.[60]

Kasvuhormonihoitoon liittyviä sivuvaikutuksia on todennäköisesti liioiteltu, sillä tutkimusten perusteella ne eivät yleensä ole merkittäviä. Turvotusta, lihas- ja nivelkipuja ja raajojen pistelyä voi esiintyä. Eräässä tutkimuksessa jossa fibromyalgiaa hoidettiin kasvuhormonilla potilailla ei esiintynyt muita sivuvaikutuksia kuin karpaalitunnelisyndroomaa.[61] Kasvuhormonin käyttöä rajoittaa kuitenkin tähtitieteellinen hinta.

Biologiset immunosuppressantit

Monoklonaalisia vasta-aineita käytetään yleensä autoimmuunisairauksien, muiden tulehduksellisten sairauksien sekä joidenkin syöpien hoitoon. Vielä ei ole kehitetty CFS:lle spesifistä lääkitystä, mutta kenties tulevaisuudessa nähdään jokin CFS:ään tarkoitettu täsmälääke tässäkin lääkeryhmässä.

Monia nykyisistäkin monoklonaalisista vasta-aineista on käytetty myös CFS:n hoitoon, sillä myös CFS:ssä tulehdussytokiinit saattavat aiheuttaa ainakin osan oireista. Useiden tutkimusten mukaan ainakin osalla CFS-potilaista on veressä tavallista suurempia määriä esimerkiksi TNF-alfaa tai muita inflammatorisia sytokiinejä.[62, 63, 64]

Suurimmat ongelmat lääkkeissä ovat hankala antotapa ja kallis hinta. Kela on todennäköisesti haluton korvaamaan lääkitystä muihin kuin niiden virallisiin indikaatioihin (reumasairaudet, Crohnin tauti yms). Lisäksi lääkkeiden immuunijärjestelmää suppressoiva vaikutus saattaa aiheuttaa ongelmia potilailla, joiden vastustuskyky toimii jo valmiiksi puutteellisesti.

Toisaalta on näyttöä siitä, että ainakin osalla CFS-potilaista immuunijärjestelmä toimii ylikierroksilla. Jos potilaalla kuitenkin vaikuttaa olevan krooninen bakteeri- tai virusinfektio, on monoklonaalisten vasta-aineiden käyttöä harkittava tarkkaan.

etanersepti (Enbrel)

Etanersepti vaikuttaa anti-inflammatorisesti estämällä TNF:n sitoutumista solun pintareseptoreihin. Se on lähinnä reumalääke, mutta sitä on käytetty myös muunlaisten tulehdustilojen hoitoon.[65] Etanerseptia on kokeiltu menestyksellisesti myös uniapneaan liittyvän päiväaikaisen uneliaisuuden hoidossa.[66] Minnesotan yliopistossa tehdyssä pienessä tutkimuksessa etanerseptiä annettiin kuudelle CFS-potilaalle kahdeksan viikon ajan.[67] Uupumus, lihaskivut, päänsärky ja imusolmukkeiden arkuus helpottivat testiryhmässä selvästi ja liikunnan sietokyky parani.

Etanerseptiä joudutaan antamaan suhteellisen usein, annoksesta riippuen kerran tai kahdesti viikossa. Lääkettä ei kuitenkaan tarvitse antaa sairaalassa, vaan potilas voi itse annostella sen pistoksena ihon alle. Hoito voi aiheuttaa infektioita, jotka voivat olla vakaviakin.

infklisimabi (Remicade)

Infliksimabi on sytokiini TNF-alfaan kohdistettu vasta-aine, jota on kokeiltu onnistuneesti moniin erilaisiin vaivoihin haavaisesta paksusuolentulehduksesta välilevypullistumaan. Infliksimabista CFS:n hoidossa ei ole vielä tehty tutkimusta, mutta Jonathan Kerr on aikeissa tehdä sellaisen, kunhan rahoitus järjestyy.[68] Lääkäri Andrew J. Wright ehdotti infliksimabia CFS-hoidoksi jo vuonna 2002.[69]

Infliksimabia annetaan tiputuksessa sairaalassa aluksi parin viikon, jatkossa yleensä kahdeksan viikon välein. Antotapa ei siis ole kaikkein helpoin, mutta toisaalta lääkettä ei tarvitse annostella kovin usein. Infliksimabi ei yleensä aiheuta merkittäviä sivuvaikutuksia, mutta tiputuksen aikana voi ilmaantua flunssankaltaisia oireita ja hoitojen välillä harvinaisissa tapauksissa lähinnä allergiatyyppistä oireilua. Infliksimabi voi myös lisätä riskiä sairastua lymfoomaan.

omalitsumabi (Xolair)

Omalitsumabi on astman ja allergioiden hoidossa käytetty monoklonaalinen vasta-aine, joka sitoutuu immunoglobuliini E:hen. Siitä on ollut apua joillekin CFS:ää sairastaville, mutta tästä on toistaiseksi vasta anekdotaalista näyttöä.[70] Todennäköisesti omalitsumabia kannattaa määrätä vain niille potilaille, joilla on korkeat IgE-arvot.

Sivuvaikutuksia ei yleensä esiinny, mutta omalitsumabi saattaa myös lisätä syöpäriskiä ja riskiä sairastua joihinkin muihin sairauksiin. Kyseessä on erittäin kallis hoito, vaikka lääkettä annostellaan vain 2-4 viikon välein.

anakinra (Kineret)

Anakinra on interleukiini[1]-reseptorin antagonisti ja siten vaikutukseltaan anti-inflammatorinen. Sitä käytetään reumatautien hoidossa. Koska tulehdussytokiinit saattavat olla CFS:n oireiden takana, anakinraa on esitetty myös mahdolliseksi hoidoksi CFS:ään.[71] Lääke annostellaan pistoksen ihon alle päivittäin. Sitä ei suositella käytettäväksi, jos potilaalla on krooninen infektio, mikä on CFS:ää hoidettaessa mahdollista.

Pistoskohdassa esiintyy usein erilaisia reaktioita ja muunkinlaiset iho-oireet ovat mahdollisia. Mahdollisen neutropenian vuoksi suositellaan verenkuvan säännöllistä seurantaa. Infektioriski kasvaa hieman ja on mahdollista, että myös syöpäriski kasvaa, mutta tästä ei ole näyttöä. Lisäksi voi esiintyä päänsärkyä. Yleisesti ottaen sivuvaikutuksia on kuitenkin vähän. Eläviä taudinaiheuttajia sisältäviä rokotteita ei saa antaa hoidon aikana.

Muut immunomodulaattorit

immunoglobuliini (Venogamma)

CFS:ään saattaa liittyä immunoglobuliinien tai niiden alaluokkien puutostiloja. Hoidoksi on kokeiltu suonensisäistä tai lihakseen annettavaa immunoglobuliinia useissa eri tutkimuksissa 80-luvulta alkaen vaihtelevin tuloksin. Suoneen annettava IgG on ilmeisesti tehokkaampi hoito kuin lihakseen pistettävä, mutta annoksen pitää olla suhteellisen suuri. Sitä annetaan noin kuukauden välein.

Monet potilaat hyötyvät immunoglobuliinihoidosta, vaikka puutosta ei todettaisikaan, ilmeisesti IVIG:n anti-inflammatorisen tai antiviraalisen vaikutuksen ansiosta. Immunoglobuliinia on käytetty myös Suomessa HYKSin infektiosairauksien klinikalla. Jotkut lääkärit ovat sitä mieltä, että gammaglobuliini on jopa tehokkain hoito CFS:ään.[72] Vaikutus saattaa kuitenkin heiketä ajan myötä.[73]

49 CFS-potilaalla tehdyssä australialaisessa kaksoissokkotutkimuksessa IVIG:tä saaneet potilaat tulivat huomattavasti useammin parempaan kuntoon kuin plaseboa saaneet verrokit.[74] Toisessa australialaistutkimuksessa edut olivat huomattavat ja jopa 75% hoidetuista potilaista pystyi palaamaan täysipäiväisesti töihin tai opintoihin.[75]

Eräässä tutkimuksessa muutamia parvovirus B19:n aiheuttamia CFS-tapauksia saatiin remissioon IVIG-pulssilla.[76] Charles Lapp käyttää immunoglobuliinia kaikkein sairaimmilla potilaillaan, jos mikään muu hoito ei ole tehonnut.[77]

Immunoglobuliinihoitoon voi liittyä monia erilaisia sivuvaikutuksia. Potilaita tuleekin aina tarkkailla hoidon aikana ja jonkin aikaa sen jälkeen. Hoidettavilla voi toisinaan esiintyä päänsärkyä, kuumetta, pahoinvointia, nivelkipuja ja verenpaineen laskua. CFS-potilailla hoito on kuitenkin ollut yleensä hyvin siedettyä ja on harvinaista, että potilas keskeyttää hoidon sivuvaikutusten takia.

Eläviä viruksia sisältävien rokotteiden teho heikkenee jopa kuukausiksi. Diureetteja ei saa käyttää hoidon aikana. Immunoglobuliinihoitoa voidaan antaa ainoastaan sairaaloissa, joten siihen liittyy paljon kuluja, jotka koituvat yhteiskunnan maksattevaksi. Hyödyt voivat kuitenkin joissain tapauksissa olla huomattavia.

desmopressiini (Minirin)

Desmopressiini vastaa kehon antidiureettista hormonia. Moni CFS-potilas kärsii nokturiasta ja polyuriasta, joihin desmopressiinistä voi olla huomattavaa apua. On näyttöä siitä, että CFS-potilailla antidiureettisen hormonin eritys on liian alhaista ja vaihtelee runsaasti.[78]

Desmopressiinillä on myös kognitiivisia ongelmia helpottavaa vaikutusta.[79] Lääkkeen soveltuvuudesta CFS-hoidoksi on yksi alustava tutkimuskin.[80] Desmopressiiniä suosittelee tähän tarkoitukseen myös lääkäri Andrew J. Wright.[81]

Useilla lääkkeillä (erityisesti psyykenlääkkeillä) on yhteisvaikutuksia desmopressiinin kanssa, mutta yleensä ongelman voi ratkaista pienentämällä desmopressiinin annostusta. Sivuvaikutuksina voi esiintyä päänsärkyä, vatsavaivoja ja nenän tukkoisuutta. Jos nesteiden nauttimista ei rajoiteta hoidon aikana, voi seurauksena olla nesteretentio ja hyponatremia.

interferoni alfa-2a (Roferon-A)
interferoni alfa-2b (Introna)
interferoni beeta-1a (Rebif)
interferoni beeta-1b (Betaferon)
interferoni gamma-1b (Imukin)

CFS:n ja interferonien suhteesta on hyvin ristiriitaisia näkemyksiä ja tutkimustuloksia. Interferoni on looginen valinta CFS:n hoidoksi, jos oletetaan, että kyseessä on krooninen virusinfektio. Toisaalta jotkut lääkärit ovat sitä mieltä, että CFS:n oireet tai osa niistä saattavat johtua kroonisesta (alfa- ja/tai gamma)interferonin liikatuotannosta, sillä CFS:n oireet muistuttavat hyvin paljon interferonihoidon sivuvaikutuksia.[82, 83]

Joidenkin tutkimusten mukaan CFS-potilaiden CD4-tyyppiset T-solut kuitenkin tuottavat normaalia vähemmän gammainterferonia[84, 85], toisaalla tuotanto taas havaittiin liialliseksi.[86] Sekä alfa-, beeta- että gammainterferonia on kokeiltu CFS:n hoidossa vaihtelevin tuloksin.

Eräiden CFS-asiantuntijoiden mukaan alfainteferoni saattaa antaa potilaille lisää voimia.[87] Mm. Jay Goldstein suosittelee sitä. Alfainterferonin käytöstä CFS:n hoidossa on tehty kaksi kaksoissokkotutkimusta. Toisessa saatiin huomattavia tuloksia noin kolmanneksella potilaista[88], toisessa potilaat hyötyivät hoidosta vain, jos heillä oli ongelmia NK-solujen toiminnassa.[89]

Alfa- ja gammainterferonin yhdistelmää on ehdotettu CFS:ään mahdollisesti liittyvän kroonisen enterovirusinfektion hoitoon.[90] Myös beetainterferonilla vaikuttaa olevan antiviraalista vaikutusta. CFS:ssä usein esiintyvän HHV-6:n on todettu reagoivan erityisen hyvin beetainterferoniin.[91] Lisäksi beetainterferonista voi olla apua veriaivoesteen lisääntyneeseen läpäisevyyteen.[92]

Interferonihoitoannetaan pistoksena lihakseen tai ihon alle, yleensä kerran tai muutamia kertoja viikossa. Hoitoon liittyy paljon sivuvaikutuksia. Hoito on yleensä kontraindisoitu potilailla, joilla on epilepsia, vaikea psykiatrinen sairaus, vakava sydänsairaus tai vaikeita maksa- tai munuaisongelmia. Interferonia ei suositella käytettäväksi yhdessä muiden immunomodulaattorien kanssa, kortikosteroideja lukuunottamatta. Ne voivat vaikuttaa maksan sytokromi P450 –järjestelmään, mutta tämän kliinistä merkitystä ei tiedetä.

Yleisimpiä sivuvaikutuksia ovat pistoskohdan paikalliset oireet, lihas- ja nivelsäryt, flunssankaltaiset oireet, vatsavaivat ja yleinen huonovointisuus. Neurologisia oireita sekä iho- ja sydänoireita voi esiintyä. Interferonit voivat joskus aiheuttaa autoimmuunisairauden tai pahentaa olemassaolevaa autoimmuunisairautta. Hoito saattaa toisinaan aiheuttaa vakavia psykiatrisia haittavaikutuksia, kuten vaikean masennuksen, vaikkei potilaalla olisi aiemmin ollut psykiatrisia ongelmia. Kaikki interferonit ovat myös erittäin kalliita.

naltreksoni (ReVia)

Naltreksoni on opioidiantagonisti, joka tunnetaan Suomessa ainoastaan päihdevieroitukseen käytettynä lääkkeenä. Pieninä 2-5 mg annoksina (ns. LDN eli low dose naltrexone) sitä voidaan käyttää immunomodulaattorina. Hyviä, jopa erinomaisia tuloksia on saatu mm. MS-taudin[93, 94] Crohnin taudin[95], AIDSin ja monien muiden sairauksien hoidossa.[96] LDN:ää on kokeiltu jopa syövän hoitoon.[97]

CFS:n hoidossa LDN:ää on käytetty ainakin 90-luvun alusta asti. Eräässä pienessä tutkimuksessa kuusi kymmenestä CFS-potilaasta sai LDN:stä apua kognitiivisiin vaikeuksiinsa eikä mitään merkittäviä sivuvaikutuksia raportoitu.[98] Toisinaan edut tulevat esiin muutamassa päivässä, joskus siihen voi mennä kuukausia. Lääke tulee ottaa iltaisin juuri ennen nukkumaan menoa.

Naltreksonia on saatavilla vain tähän käyttötarkoitukseen aivan liian suurina 50 mg tabletteina. Joillekin potilaille on määrätty näitä tabletteja ja annettu heidän tehtäväkseen jakaa ne kymmeneen osaan, mikä on tietysti hankalaa ja aivan turhaa, sillä apteekit voivat valmistaa naltreksonia riittävän pieniksi kerta-annoksiksi. On epäilty, ettei kapselien täyteaineena saisi käyttää kalsiumkarbonaattia, sillä tämä voi häiritä hoidon edellyttämää nopeaa imeytymistä.

Normaaliannoksilla naltreksonilla on melko paljon sivuvaikutuksia, mutta LDN-hoidossa annokset ovat alle kymmenesosan normaalista ja siten sivuvaikutuksia on häviävän vähän. Hoidon alussa voi esiintyä unihäiriöitä ja häiritseviä unia, mutta tämän jälkeen unenlaatu yleensä paranee aiemmasta.

Naltreksonia ei luonnollisestikaan voi käyttää yhdessä narkoottisten kipulääkkeiden kanssa, mutta muuten sillä ei ole yhteisvaikutuksia muiden lääkkeiden kanssa. Se ei kuitenkaan todennäköisesti ole tehokasta käytettynä yhdessä immunosuppressiivisten hoitojen kanssa. On mahdollista, että protonipumpun salpaajat ja muut imeytymistä hidastavat lääkkeet voivat vaikuttaa hoidon tehoon. Pienen annoksen takia hoidon hinta on myös varsin edullinen.

1 Zarkovic M, Pavlovic M, Pokrajac-Simeunovic A. [Disorder of adrenal gland function in chronic fatigue syndrome]. Srp Arh Celok Lek. 2003 Sep-Oct;131(9-10):370-4.

2 Segal TY, Hindmarsh PC, Viner RM. Disturbed adrenal function in adolescents with chronic fatigue syndrome. J Pediatr Endocrinol Metab. 2005 Mar;18(3):295-301.

3 Di Giorgio A, Hudson M, Jerjes W ym. 24-hour pituitary and adrenal hormone profiles in chronic fatigue syndrome. Psychosom Med. 2005 May-Jun;67(3):433-40.

4 Scott LV, Teh J, Reznek R ym. Small adrenal glands in chronic fatigue syndrome: a preliminary computer tomography study. Psychoneuroendocrinology. 1999 Oct;24(7):759-68.

5 Cleare AJ, Miell J, Heap E ym. Hypothalamo-pituitary-adrenal axis dysfunction in chronic fatigue syndrome, and the effects of low-dose hydrocortisone therapy. J Clin Endocrinol Metab. 2001 Aug;86(8):3545-54.

6 Cleare AJ, Heap E, Malhi GS ym. Low-dose hydrocortisone for chronic fatigue syndrome: a randomised crossover trial. Lancet. 1999;353(9151):455-458.

7 McKenzie R, O'Fallon A, Dale J ym. Low-dose hydrocortisone for treatment of chronic fatigue syndrome: a randomized controlled trial. JAMA. 1998;280(12):1061-1066.

8 Verrillo Erica F, Gellman Lauren M. Chronic Fatigue Syndrome: A Treatment Guide. 1997. s. 185.

9 http://web.archive.org/web/20031231214020/http://www.cfsresearch.org/cfs/research/treatment/drandrew.pdf

10 http://www.drmyhill.co.uk/article.cfm?id=266

11 Bou-Holaigah I, Rowe PC, Kan J. The relationship between neurally mediated hypotension and the chronic fatigue syndrome. JAMA. 1995 Sep 27;274(12):961-7.

12 http://drpodell.org/chronic_fatigue_syndrome_treatments.shtml

13 http://www.immunesupport.com/library/showarticle.cfm/ID/2926/

14 Verrillo Erica F, Gellman Lauren M. Chronic Fatigue Syndrome: A Treatment Guide. 1997. s. 179-180.

15 http://web.archive.org/web/20031231214020/http://www.cfsresearch.org/cfs/research/treatment/drandrew.pdf

16 The Florence Nightingale Disease (FND): A Multisystem Experiment of Nature: A 50 Patient Five Year Analysis. Kirjassa: Hyde B, (toim.) The Clinical

and Scientific Basis of Myalgic Encephalomyelitis/Chronic Fatigue Syndrome. s. 641-653.

17 Neeck G, Crofford LJ. Neuroendocrine perturbations in fibromyalgia and chronic fatigue syndrome. Rheum Dis Clin North Am. 2000 Nov;26(4):989-1002.

18 Skinner GR, Holmes D, Ahmad A ym. Clinical response to thyroxine sodium in clinically hypothyroid but biochemically euthyroid patients. J Nutr Environ Med 2000;10:115-24.

19 Lowe JC, Garrison RL, Reichman AJ ym. Effectiveness and safety of T3 (triiodothyronine) therapy for euthyroid fibromyalgia: a double-blind placebo-controlled response-driven crossover study. Clin Bull Myofascial Ther. 1997;2:(2/3):31-58.

20 Garrison RL, Breeding PC. A metabolic basis for fibromyalgia and its related disorders: the possible role of resistance to thyroid hormone. Med Hypotheses. 2003 Aug;61(2):182-9.

21 http://www.immunesupport.com/library/showarticle.cfm/ID/4320/

22 http://web.archive.org/web/20031231214020/http://www.cfsresearch.org/cfs/research/treatment/drandrew.pdf

23 Smits MG, Van Rooy R, Nagtegaal JE. Influence of melatonin on quality of life in patients with chronic fatigue and late melatonin onset. J Chronic Fatigue Syndrome. 2002;10(3/4):25-32.

24 van Heukelom RO, Prins JB, Smits MG ym. Influence of melatonin on fatigue severity in patients with chronic fatigue syndrome and late melatonin secretion. Eur J Neurol. 2006 Jan;13(1):55-60.

25 http://www.offerutah.org/batemanarticle.html

26 Maestroni GJ. The immunotherapeutic potential of melatonin. Expert Opin Investig Drugs. 2001 Mar;10(3):467-76.

27 Valcavi R, Zini M, Maestroni GJ ym. Melatonin stimulates growth hormone secretion through pathways other than the growth hormone-releasing hormone. Clin Endocrinol (Oxf). 1993 Aug;39(2):193-9.

28 Fauteck J, Schmidt H, Lerchl A ym. Melatonin in epilepsy: first results of replacement therapy and first clinical results. Biol Signals Recept. 1999 Jan-Apr;8(1-2):105-10.

29 Peres MF, Masruha MR, Zukerman E ym. Potential therapeutic use of melatonin in migraine and other headache disorders. Expert Opin Investig Drugs. 2006 Apr;15(4):367-75.

30 Saha L, Malhotra S, Rana S ym. A preliminary study of melatonin in irritable bowel syndrome. J Clin Gastroenterol. 2007 Jan;41(1):29-32.

31 Maestroni GJ, Cardinali DP, Esquifino AI ym. Does melatonin play a disease-promoting role in rheumatoid arthritis? J Neuroimmunol. 2005 Jan;158(1-2):106-11.

32 Harlow BL, Signorello LB, Hall JE ym. Reproductive correlates of chronic fatigue syndrome. Am J Med. 1998 Sep 28;105(3A):94S-99S.

33 http://www.pediatricnetwork.org/medical/OI/johnshopkins.htm

34 http://www.endfatigue.com/Newsletter/sample1-interview.html

35 http://www.nym.org/healthinfo/docs/076/doc76medical.html

36 Panay N, Studd JW. The psychotherapeutic effects of estrogens. Gynecol Endocrinol. 1998 Oct;12(5):353-65.

37 Joffe H, Hall JE, Gruber S ym. Estrogen therapy selectively enhances prefrontal cognitive processes: a randomized, double-blind, placebo-controlled study with functional magnetic resonance imaging in perimenopausal and recently postmenopausal women. Menopause. 2006 May-Jun;13(3):411-22.

38 Stillman MJ. Testosterone replacement therapy for treatment refractory cluster headache. Headache. 2006 Jun;46(6):925-33.

39 http://www.endfatigue.com/Newsletter/sample1-interview.html

40 http://www.immunesupport.com/library/showarticle.cfm/ID/5291/

41 Dessein PH, Shipton EA, Joffe BI ym. Hyposecretion of adrenal androgens and the relation of serum adrenal steroids, serotonin and insulin-like growth factor-1 to clinical features in women with fibromyalgia. Pain. 1999 Nov;83(2):313-9.

42 Kodama M, Kodama T, Murakami M. The value of the dehydroepiandrosterone-annexed vitamin C infusion treatment in the clinical control of chronic fatigue syndrome (CFS). I. A Pilot study of the new vitamin C infusion treatment with a volunteer CFS patient. In Vivo. 1996 Nov-Dec;10(6):575-84.

43 Verrillo Erica F, Gellman Lauren M. Chronic Fatigue Syndrome: A Treatment Guide. 1997. s. 190-191.

44 http://www.immunesupport.com/library/showarticle.cfm/ID/4911/

45 http://www.immunesupport.com/library/showarticle.cfm/ID/2926/

46 http://home.vicnet.net.au/~mecfs/general/goldstein_treatment.html

47 Chang DM, Lan JL, Lin HY ym. Dehydroepiandrosterone treatment of women with mild-to-moderate systemic lupus erythematosus: a multicenter randomized, double-blind, placebo-controlled trial. Arthritis Rheum. 2002 Nov;46(11):2924-7.

48 Xie L, Sun HY, Gao J ym. [Functions and mechanisms of dehydroepiandrosterone in nervous system]. Sheng Li Ke Xue Jin Zhan. 2006

Oct;37(4):335-8.

49 Jankowski CM, Gozansky WS, Schwartz RS ym. Effects of dehydroepiandrosterone replacement therapy on bone mineral density in older adults: a randomized, controlled trial. J Clin Endocrinol Metab. 2006 Aug;91(8):2986-93.

50 van Rensburg SJ, Potocnik FC, Kiss T ym. Serum concentrations of some metals and steroids in patients with chronic fatigue syndrome with reference to neurological and cognitive abnormalities. Brain Res Bull. 2001 May 15;55(2):319-25.

51 Kuratsune H, Yamaguti K, Sawada M ym. Dehydroepiandrosterone sulfate deficiency in chronic fatigue syndrome. Int J Mol Med. 1998 Jan;1(1):143-6.

52 Cleare AJ, O'Keane V, Miell JP. Levels of DHEA and DHEAS and responses to CRH stimulation and hydrocortisone treatment in chronic fatigue syndrome. Psychoneuroendocrinology. 2004 Jul;29(6):724-32.

53 http://web.archive.org/web/20031231214020/http://www.cfsresearch.org/cfs/research/treatment/drandrew.pdf

54 Berne Katrina. Running on Empty: The Complete Guide to Chronic Fatigue Syndrome. 1995. s. 182-183.

55 Allain TJ, Bearn JA, Coskeran P ym. Changes in growth hormone, insulin, insulinlike growth factors (IGFs), and IGF-binding protein-1 in chronic fatigue syndrome. Biol Psychiatry. 1997 Mar 1;41(5):567-73.

56 Berwaerts J, Moorkens G, Abs R. Secretion of growth hormone in patients with chronic fatigue syndrome. Growth Horm IGF Res. 1998 Apr;8 Suppl B:127-9.

57 http://www.cfids.org/sparkcfs/clinical-care.pdf

58 http://www.dfwcfids.org/medical/advances.html

59 Moorkens G, Wynants H, Abs R. Effect of growth hormone treatment in patients with chronic fatigue syndrome: a preliminary study. Growth Horm IGF Res. 1998;8(suppl):B131- B133.

60 Paiva ES, Deodhar A, Jones KD ym. Impaired growth hormone secretion in fibromyalgia patients: evidence for augmented hypothalamic somatostatin tone. Arthritis Rheum. 2002 May;46(5):1344-50.

61 Bennett RM, Clark SC, Walczyk J. A Randomized, Double-Blind, Placebo-Controlled Study of Growth Hormone in the Treatment of Fibromyalgia. Am J Med. 1998 Mar;104(3):227-31.

62 Patarca R, Klimas NG, Lugtendorf S ym. Dysregulated expression of tumor necrosis factor in chronic fatigue syndrome: interrelations with cellular sources and patterns of soluble immune mediator expression. Clin Infect Dis. 1994

Jan;18 Suppl 1:S147-53.

63 Moss RB, Mercandetti A, Vojdani A. TNF-alpha and chronic fatigue syndrome. J Clin Immunol. 1999 Sep;19(5):314-6.

64 Gupta S, Aggarwal S, See D ym. Cytokine production by adherent and non-adherent mononuclear cells in chronic fatigue syndrome. J Psychiatr Res. 1997 Jan-Feb;31(1):149-56.

65 Genovese T, Mazzon E, Crisafulli C ym. Immunomodulatory effects of etanercept in an experimental model of spinal cord injury. J Pharmacol Exp Ther. 2006 Mar;316(3):1006-16.

66 Vgontzas AN, Zoumakis E, Lin HM ym. Marked decrease in sleepiness in patients with sleep apnea by etanercept, a tumor necrosis factor-alpha antagonist. Clin Endocrinol Metab. 2004 Sep;89(9):4409-13.

67 http://www.cfs-news.org/aacfs-01.htm

68 Kerr JR, Christian P, Hodgetts A ym. Current research priorities in chronic fatigue syndrome/myalgic encephalomyelitis: disease mechanisms, a diagnostic test and specific treatments. J Clin Pathol. 2007 Feb;60(2):113-6.

69 http://www.immunesupport.com/library/shownarticle.cfm/ID/4016/

70 http://www.remedyfind.com/ratinglong.aspx?RatingID=22990

71 Hoseini SS, Gharibzadeh S. Anakinra: a potential treatment for chronic fatigue syndrome. Medical Hypotheses, 2006, 67, 1, 196-197. (Letter.)

72 Verrillo Erica F, Gellman Lauren M. Chronic Fatigue Syndrome: A Treatment Guide. 1997. s. 180-183.

73 Berne Katrina. Running on Empty: The Complete Guide to Chronic Fatigue Syndrome. 1995. s. 182.

74 Lloyd A, Hickie I, Wakefield D ym. A double-blind, placebo-controlled trial of intravenous immunoglobulin therapy in patients with chronic fatigue syndrome. Am J Med. 1990 Nov;89(5):561-8.

75 http://www.cfids.org/archives/2001rr/2001-rr2-article02.asp

76 Kerr JR, Cunniffe VS, Kelleher P ym. Successful Intravenous Immunoglobulin Therapy in 3 Cases of Parvovirus B19Associated Chronic Fatigue Syndrome. Clin Infect Dis. 2003 May 1;36(9):e100-6.

77 http://www.immunesupport.com/library/showarticle.cfm/ID/2926/

78 http://bmb.oxfordjournals.org/cgi/reprint/47/4/793-a.pdf

79 Berne Katrina. Running on Empty: The Complete Guide to Chronic Fatigue Syndrome. 1995. s. 194.

80 Scott LV, Medbak S, Dinan TG. Desmopressin augments pituitary-adrenal responsivity to corticotropin-releasing hormone in subjects with chronic fatigue

syndrome and in healthy volunteers. Biol Psychiatry. 1999;45(11):1447-1454.

81 http://cfsyndrome.com/drandrew.html

82 Holmes MJ. A Retroviral Aetiology for CFS? Kirjassa: Hyde B, (toim.) The Clinical and Scientific Basis of Myalgic Encephalomyelitis/Chronic Fatigue Syndrome. s. 319-323.

83 Mowbray JF. Evidence of Chronic Enterovirus Infections in M.E. Kirjassa: Hyde B, (toim.) The Clinical and Scientific Basis of Myalgic Encephalomyelitis/Chronic Fatigue Syndrome. s. 304-309

84 Visser J, Blauw B, Hinloopen B ym. CD4 T lymphocytes from patients with chronic fatigue syndrome have decreased interferon-gamma production and increased sensitivity to dexamethasone. J Infect Dis. 1998 Feb;177(2):451-4.

85 Klimas NG, Salvato FR, Morgan R ym. Immunologic abnormalities in chronic fatigue syndrome. J Clin Microbiol. 1990 Jun;28(6):1403-10.

86 Rasmussen AK, Nielsen H, Andersen V ym. Chronic fatigue syndrome--a controlled cross sectional study. J Rheumatol. 1994 Aug;21(8):1527-31.

87 Berne Katrina. Running on Empty: The Complete Guide to Chronic Fatigue Syndrome. 1995. s. 198.

88 Brook MG, Bannister BA, Weir WR. Interferon-alpha therapy for patients with chronic fatigue syndrome. J Infect Dis. 1993 Sep;168(3):791-2.

89 See DM, Tilles JG. Alpha-Interferon treatment of patients with chronic fatigue syndrome. Immunol Invest. 1996;25(1-2):153-164.

90 http://www.co-cure.org/Chia.htm

91 Hong J, Tejada-Simon MV, Rivera VM ym. Anti-viral properties of interferon beta treatment in patients with multiple sclerosis. Mult Scler. 2002 May;8(3):237-42.

92 Kraus J, Oschmann P. The impact of interferon-beta treatment on the blood-brain barrier. Drug Discov Today. 2006 Aug;11(15-16):755-62.

93 Agrawal YP. Low dose naltrexone therapy in multiple sclerosis. Med Hypotheses. 2005;64(4):721-4.

94 http://www.lowdosenaltrexone.org/ldn_and_ms.htm

95 Smith JP, Stock H, Bingaman S ym. Low-Dose Naltrexone Therapy Improves Active Crohn's Disease. Am J Gastroenterol. 2007 Apr;102(4):820-8.

96 http://www.lowdosenaltrexone.org/others.htm

97 Berkson BM, Rubin DM, Berkson AJ. The long-term survival of a patient with pancreatic cancer with metastases to the liver after treatment with the intravenous alpha-lipoic acid/low-dose naltrexone protocol. Integr Cancer Ther. 2006 Mar;5(1):83-9.

98 Verrillo Erica F, Gellman Lauren M. Chronic Fatigue Syndrome: A Treatment Guide. 1997. s.188-189.

9. Muut lääkkeet ja tukilääkkeet

Muut lääkkeet

memantiini (Ebixa)

Memantiini on Alzheimerin taudin hoitoon käytetty lääke, mutta se ei ole vaikutukseltaan juurikaan kolinerginen, vaan salpaa NMDA-reseptoria sekä 5-HT$_3$-tyypin serotoniinireseptoreja. NMDA-reseptorin yliaktiivisuus on yhdistetty CFS:ään ja krooniseen kipuun. Sen salpaamisesta voi olla apua myös ärtyneen paksusuolen hoidossa.[1] Memantiinista saattaa olla hoidoksi SLE:hen[2], kaksisuuntaiseen mielialahäiriöön[3] ja migreeniin.[4]

Memantiini vaikuttaa olevan hyvin siedetty lääke. Haittavaikutuksista ei kuitenkaan ole tarkkoja tietoja, sillä Alzheimer-potilailla esiintyy muutenkin monenlaisia oireita. Se voi aiheuttaa väsymystä, heitehuimausta ja päänsärkyä.

Hoito saattaa lisätä dopaminergisten lääkkeiden ja antikolinergien vaikutusta ja heikentää barbituraattien ja neuroleptien tehoa. Memantiinia ei mielellään käytetä yhdessä muiden NMDA-antagonistien kuten amantadiinin tai dekstrometorfaanin kanssa. Tupakointi saattaa kohottaa memantiinin plasmapitoisuuksia.

klidiini ja klooridiatsepoksidi (Librax)

Klidiinin ja klooridiatsepoksidin yhdistelmää käytetään CFS-potilailla erittäin yleisen ärtyneen paksusuolen (IBS) hoitamiseen. Klidiini on antikolinerginen lääke, joten se voi helpottaa myös ärtyneeseen rakkoon liittyvää liiallista virtsaamistarvetta. Muut antikolinergisesti vaikuttavat lääkkeet voivat vahvistaa klidiinin antikolinergistä vaikutusta.

Klooridiatsepoksidi on keskipitkävaikutteinen bentsodiatsepiini, joten se lievittää myös ahdistusta ja lihasjäykkyyttä ja voi helpottaa unen saantia. Siihen pätevät samat vasta-aiheet kuin muihinkin bentsodiatsepiineihin. Libraxin sivuvaikutuksina voi esiintyä suun kuivumista, ummetusta, virtsaamishäiriöitä, masennusta, väsymystä ja huimausta. Lääke on yleisesti ottaen hyvin siedetty.

hydroksitsiini (Atarax)

Hydroksitsiini on antihistamiini, jota käytetään erityisesti uni- ja ahdistuslääkkeenä. Sen antihistamiinivaikutusta ei kuitenkaan pidä unohtaa. CFS:ään liittyy usein allergisia oireita, mutta niiden puuttuessakin antihistamiineista saattaa olla apua univaikeuksien, ahdistuksen, kivun ja virtsaamisvaikeuksien hoidossa. Erityisesti suositellaan meklotsiiniä, joka on reseptivapaa valmiste, sekä hydroksitsiiniä.

Tunnettu CFS-lääkäri Paul Cheney käyttää hydroksitsiiniä kivun hoitoon.[5] Se soveltuu myös interstitiaalin kystiitin ja muiden virtsarakon vaivojen hoitoon[6] ja tähän sitä suosittelee myös Charles Lapp.[7] Monesti hydroktsitsiini helpottaa CFS:ään usein liittyvää jatkuvaa virtsaamisen tarvetta. Hydroksitsiini on myös hyvä hoito krooniseen nokkosihottumaan, jota CFS:ssäkin toisinaan esiintyy.[8]

Väsyttävyytensä takia hydroksitsiini otetaan yleensä nukkumaan mennessä, mutta väsyneisyyttä voi silti esiintyä vielä aamullakin. Muita mahdollisia haittavaikutuksia ovat mm. kouristukset ja sydämen rytmihäiriöt sekä paradoksaalisesti unettomuus ja nokkosihottuma. Hydroksitsiiniä pitää myös käyttää varoen muiden rauhoittavien ja antikolinergisten valmisteiden kanssa. Yhteisvaikutukset MAO-estäjien kanssa ovat mahdollisia.

sumatriptaani (Imigran)

Sumatriptaani on tehokas migreenilääke, mutta siitä voi olla apua myös muunlaisiin päänsärkyihin, minkä ansiosta se on suhteellisen suosittu lääke CFS:n hoidossa. Se saattaa auttaa myös lihaskipuihin.[9] Sumatriptaani lisää kasvuhormonin eritystä[10] ja tästä on Jay Goldsteinin mukaan etua CFS:ää ja fibromyalgiaa sairastaville.[11] Hän on käyttänyt sumatriptaania lähinnä päänsärkyihin, mutta osalla potilaista myös muut oireet helpottavat.

Sivuvaikutuksina voi esiintyä rintakipuja, huimausta, väsymystä, päänsäryn pahenemista, pahoinvointia ja psykiatrisia oireita. Käytössä tulee noudattaa varovaisuutta epilepsiaa sairastavilla potilailla. Sumatriptaania ei tule käyttää yhdessä ergot-johdoksien tai MAO-estäjien kanssa. SSRI-lääkkeiden tai mäkikuisman käyttö voi lisätä sumatriptaanin haittavaikutuksia, mutta yhteiskäyttö ei sinänsä ole kontraindisoitu. Sulfa-allergikot voivat saada oireita sumatriptaanista. Lääkkeen hinta on varsin korkea.

hydroksiklorokiini (Oxiklorin)

Hydroksiklorokiini kuuluu malarialääkkeisiin, joita käytetään myös joidenkin tulehduksellisten sairauksien hoitoon. Sen vaikutusmekanismia tässä käytössä ei tarkkaan tunneta. Jotkut lääkärit ovat käyttäneet hydroksiklorokiinia myös CFS:n hoitoon, erityisesti jos potilailla esiintyy korkeita tumavasta-ainetasoja tai muita viitteitä autoimmuunisairaudesta.[12, 13] Se näyttää tuhoavan myös borreliabakteerin kystia, millä voi olla merkitystä, jos potilaalla epäillään kroonista Lymen tautia.[14]

Hydroksiklorokiinin vaikutus tulee esiin hyvin hitaasti, usein vasta kuukausien käytön jälkeen. Lääkkeellä on melko vähän haittavaikutuksia. Vatsavaivat ja pahoinvointi ovat yleisimpiä sivuoireita. Pitkäaikainen käyttö voi aiheuttaa muutoksia näkökyvyssä ja silloin silmälääkärin säännölliset tutkimukset ovat aiheellisia. Erään tutkimuksen mukaan hydroksiklorokiinia käyttävät SLE-potilaat kärsivät selvästi enemmän uupumuksesta kuin muita lääkkeitä saavat.[15]

magnesiumsulfaatti

Useat lääkärit ovat sitä mieltä, että CFS:ssä solujen sisäiset magnesiumarvot ovat liian matalat, vaikka veressä kiertää tarpeeksi magnesiumia ja siten tavallisten verikokeiden arvot vaikuttavat normaaleilta. Tutkimukset viittaavat samaan.[16] Magnesium onkin eräs yleisimmistä CFS:n hoidossa käytetyistä ravintolisistä. Läheskään kaikkien potilaiden puutostilaa se ei kuitenkaan paranna ja yleensä magnesiumia annetaan tälloin parenteraalisesti magnesiumsulfaattina.

Yleinen annostus on 1 g magnesiumsulfaattia lihakseen annettuna injektiona 1-2 kertaa viikossa.[17] Japanissa on julkaistu tapausselostus, jossa CFS:stä kärsivän naisen tila parani selvästi sen jälkeen, kun hän oli saanut magnesiuminfuusioita kerran viikossa kuuden viikon ajan.[18]

Magnesiuminjektiot voivat helpottaa väsymystä ja uupumusta, univaikeuksia, kognitiivisia oireita, lihaskipuja, päänsärkyä ja sydämen rytmihäiriöitä. Jay Goldstein suosittelee magnesiumia sen vasodilatoivan ja NMDA-reseptoria salpaavan vaikutuksen takia.[19] Sarah MyHillin mukaan jopa 70% hänen potilaistaan on hyötynyt magnesiumruiskeista. Hän yhdistää niihin oraalisen magnesiumin ja B1-vitamiinin.[20]

Magnesiumhoidolla ei ole juurikaan sivuvaikutuksia. Injektiot saattavat olla hyvinkin kivuliaita, mutta kipua voi vähentää antamalla liuoksen huoneen- tai ruumiinlämpöisenä ja mahdollisimman hitaasti, mahdollisesti myös antamalla samalla kertaa B12-vitamiinia ja/tai tauriinia. Magnesiumia ei saa antaa, jos potilaalla on munuaisongelmia.

meksiletiini (Mexitil)

Meksiletiini on rytmihäiriölääke, joka vastaa käytännössä oraalista lidokaiinia. Sydänoireiden lisäksi sitä on kokeiltu lupaavin tuloksin myös epilepsian[21], MS-taudin[22] ja neuropaattisen kivun hoitoon.[23] Jay Goldstein käyttää joillain CFS-potilaillaan meksiletiiniä pieninä 150 mg annoksina, joilla on hänen mukaansa hyvin vähän merkittäviä sivuvaikutuksia.[24] Ilmeisesti hoidosta on apua neuropaattisen kivun lisäksi myös päänsärkyyn.

Monet lääkkeet vaikuttavat meksiletiinin metaboliaan ja imeytymiseen. Useimpien tällaisten lääkkeiden kanssa yhtäaikainen hoito on mahdollista, mutta meksiletiinin annostusta voidaan joutua muuttamaan. Kofeiinin, varfariinin ja paikallispuudutteiden teho voi lisääntyä meksiletiinihoidon aikana. Vapina, huimaus, uneliaisuus, närästys, pahoinvointi ja parestesiat ovat suhteellisen yleisiä

104

haittavaikutuksia. Sivuvaikutusten määrä liittyy kuitenkin käytettyyn annokseen, joka CFS:ssä on huomattavan pieni.

hydroksikobalamiini (Cohemin depot)
syanokobalamiini (Betolvex)

CFS-potilailla ei ole yleensä todettavissa B12-vitamiinin puutostilaa, mutta silti monet hyötyvät B12-vitamiinista, erityisesti suurina annoksina parenteraalisesti annettuna. CFS-asiantuntija Charles Lapp on sitä mieltä, että potilaiden veressä on tarpeeksi vitamiinia, mutta sen soluunotto jää vaillinaiseksi.[25] Hänen mukaansa jopa 80% CFS-potilaista hyötyy suurista B12-annoksista. Hän käyttää hoidossa 3 000 mg annosta, jonka potilas injektoi itse 2-3 kertaa viikossa. Vaikutukset ovat havaittavissa muutaman viikon kuluessa, usein lähes välittömästi.

Myös lääkäri Sarah MyHill pitää B12-pistoksia olennaisena osana CFS:n hoitoa ja käyttää viikottaista 2 000 mg rannosta.[26] Hänen mukaansa B12 voi helpottaa esimerkiksi uupumusta, lihasheikkoutta ja kognitiivisia vaikeuksia. Paul Cheney määrää potilailleen peräti 10-25 mg annoksia päivittäin.[27] Cheney uskoo hoidon tehoavan, koska B12 sieppaa typpioksidia, jota CFS-potilaiden elimistö tuottaa liikaa.[28] Lääkäri Leslie O. Simpson taas on sitä mieltä, että B12:n teho perustuu punaisten verisolujen muotoutuvuuden palautumiseen.[29]

B12:lla vaikuttaa olevan myös analgeettisia vaikutuksia ainakin neuropaattisen kivun hoidossa.[30] Sitä on ehdotettu myös MS-taudin hoidoksi.[31] Sivuvaikutukset ovat poikkeuksellisia, jos ei lasketa virtsan vaaratonta värjäytymistä ja harvinaista aknenkaltaista ihottumaa, joka yleensä katoaa annosta pienentämällä. B12-vitamiinille voi olla allerginen, mutta se on hyvin harvinaista.

modafiniili (Provigil)

Modafiniili on piristävä lääke, joka kuitenkin eroaa monella tavalla klassisista stimulanteista. Sitä käytetään erityisesti narkolepsian hoitoon. Se vaikuttaa olevan tehokas hoito krooniseen uupumukseen ja sitä on hyödynnetty tähän tarkoitukseen mm. MS-tautia sairastavilla. Modafiilistä voi myös parantaa kognitiivista suorituskykyä.[32]

Lääkkeen käytöstä CFS:n hoidossa on tehty lupaava pieni tutkimus[33], mutta toisessa tutkimuksessa tulokset olivat huonompia.[34] Modafiniiliä on kokeiltu CFS-potilaille jonkin verran Suomessakin ja parhaimmillaan potilaat ovat pystyneet jopa palaamaan työelämään lääkkeen avulla..

Lucinda Batemanin käyttämä annos CFS:n hoidossa on 50-400 mg välillä.[35] Jostain syystä MS-taudin hoidossa pienet annokset ovat osoittautuneet suuria tehokkaammiksi.[36] Paul Cheney kuitenkin pitää modafiniiliä pitkällä tähtäimellä haitallisena hoitona NMDA-reseptoria aktivoivan vaikutuksen takia.[37]

Monet CFS:ää sairastavat saavat pienilläkin annoksilla lääkkeestä liikaa sivuoireita, erityisesti päänsärkyä ja levottomuutta. Myös huimausta, näköhäiriöitä, pahoinvointia, ruokahaluttomuutta, ahdistusta ja unettomuutta voi esiintyä.

Modafiniili voi heikentää ehkäisypillereiden tehoa ja puolestaan nostaa mm. triatsolaamin, diatsepaamin ja propranololin pitoisuuksia. Lääkettä ei suositella käytettäväksi yhdessä trisyklisten masennuslääkkeiden tai MAO-estäjien kanssa. Myös tietyt sydänvauriot ovat kontraindikaatioita. Modafiniiliä saa Suomessa vain Lääkelaitoksen erityisluvalla ja se on varsin kallista.

asetatsoliamidi (Ödemin)

Asetatsoliamidia käytetään avohoidossa lähinnä epilepsian ja glaukooman hoitoon, vaikka siitä voi olla hyötyä monessa muussakin sairaudessa. Charles Lapp, Paul Cheney ja monet muut asiantuntijat käyttävät asetatsoliamidia CFS-potilaiden hoitoon.

Lappin suosittelema annos on 125-500 mg kerran tai kahdesti päivässä.[38] Lääkkeestä on usein apua kognitiivisiin ongelmiin, päänsärkyyn, tasapainovaikeuksiin ja joskus myös uupumukseen.[39] Yleensä mahdolliset hyödyt havaitaan jo hyvin lyhyen käytön jälkeen.

Erilaiset haittavaikutukset ovat mahdollisia erityisesti pitkäaikaiskäytössä ja asetatsoliamidilla on yhteisvaikutuksia joidenkin lääkkeiden kanssa, erityisesti salisylaattien. Metabolisen asidoosin riski on olemassa. Asetatsoliamidin diureettinen vaikutus voi aiheuttaa ongelmia niille potilaille, jotka kokevat muutenkin jatkuvaa virtsaamistarvetta.

dihydroergotamiinimesilaatti (Orstanorm)

Dihydroergotamiinimesilaattia käytetään ortostaattisten verenkiertohäiriöiden hoitamiseen sekä migreenin profylaksiin ja hoitoon. Haittavaikutuksina voi esiintyä pahoinvointia ja oksentelua sekä sormien ja raajojen parestesiaa. Dihydroergotamiinimesilaattia ei mielellään saisi käyttää yhdessä makrolidien kanssa, sillä ne voivat lisätä lääkkeen pitoisuutta plasmassa.

Lisäksi tulee noudattaa varovaisuutta tupakoitsijoilla sekä beetasalpaajia käyttävillä potilailla, mutta beetasalpaajien ja dihydroergotamiinimesilaatin yhtäaikainen käyttö CFS-potilailla ei muutenkaan liene yleensä perusteltua. Muiden ergot-johdannaisten tapaan myös dihydroergotamiinimesilaatti saattaa lisätä sydämen läppävikojen riskiä.

ko-dergokriinimesylaatti (Hydergin)

Ko-dergokriinimesylaatti on seos muutamasta samankaltaisesta ergot-johdannaisesta, joilla on kolinergisiä, serotonergisiä ja dopaminergisiä vaikutuksia aivojen toimintaan. Sitä käytetään Suomessa lähinnä seniilin dementian ja toisinaan myös migreenin hoidossa. Ko-dergokriinimesylaatti parantaa aivojen aineenvaihduntaa ja sitä voidaan käyttää monien erilaisten kognitiivisten ongelmien hoidossa.

Jay Goldstein uskoo ko-dergokriinimesylaatin voivan auttaa CFS-potilailla myös uupumukseen.[40] Hän käyttää yleensä noin 9 mg päiväannosta, mutta eräs hänen potilaistaan sai huomattavaa apua jo 1 mg annoksella kolme kertaa päivässä. Jacob Teitelbaumin käytössä on 4-6 mg päiväannos, joka otetaan aamuisin.[41] Muiden dopaminergisten ergot-johdannaisten tavoin myös ko-dergokriinimesylaatista voi olla apua levottomat jalat -oireiluun.

Ko-dergokriinimesylaatti on yleensä hyvin siedetty. Pahoinvointia ja vatsavaivoja voi esiintyä, mutta ne voi yleensä välttää ottamalla lääkkeen aterian yhteydessä. Ortostaattista hypotensiota ja nenän tukkoisuutta voi esiintyä. Mahdolliset yhteisvaikutukset muiden lääkkeiden kanssa liittyvät alfareseptoreita salpaavaan vaikutukseen. Verenpainelääkkeiden teho voi voimistua ja verenpainetta nostavien lääkkeiden teho voi vastaavasti heikentyä. Myös ko-dergokriinimesylaatin kanssa läppävauriot ovat mahdollisia.

pirasetaami (Nootropil)

Pirasetaami on GABA-johdannainen, jolla uskotaan olevan kolinergisiä vaikutuksia aivoissa. Se vaikuttaa mahdollisesti myös NMDA-reseptoreihin ja solujen ionikanaviin. Pirasetaamin ainoa virallinen käyttöindikaatio Suomessa on kortikaalinen myoklonia, mutta muualla lääkettä käytetään lähinnä kognitiivisten vaikeuksien ja erilaisten neurologisten oireiden hoidossa.[42] Monet lääkärit hyödyntävät sitä myös krooniseen väsymysoireyhtymään liittyvien kognitiivisten oireiden lievittämiseen. Se voi vähentää myös uupumusta.

Pirasetaami alentaa veren viskositeettia ja vähentää verihiutaleiden liiallista aggregaatiota, mistä voi olla apua CFS:ssä. Eräässä tutkimuksessa saatiin hyviä tuloksia kroonisen uupumuksen hoidossa pirasetaamin ja antihistamiini sinnaritsiinin yhdistelmällä.[43] Lisäksi pirasetaamilla on jonkinasteista kipua lievittävää vaikutusta, joskin se toisaalta estää baklofeenin aikaansaamaa analgesiaa.[44]

Pharmaca Fennican suosittelema annos on hyvin suuri (maksimissaan 24 grammaa päivässä), mutta kognitiivisten vaikeuksien hoidossa riittää huomattavasti pienempikin muutaman gramman päiväannos, joillain potilailla jopa alle gramma. Näillä annoksilla pirasetaamilla ei ole juuri koskaan sivuvaikutuksia eikä se myöskään maksa paljoa.

lidokaiini

Lidokaiinia käytetään suonensisäisesti suolaliuokseen laimennettuna (200-300 mg/500 ml) fibromyalgiatyyppisiin kipuihin, joita esiintyy yleisesti CFS:ää sairastavilla. Lääkäri Jay Goldsteinin mukaan tämä hoito auttaa jopa 50%:lle potilaista, joille oraalisesta lääkityksestä ei ole ollut apua, ja hän pitää lidokaiinia jopa kaikkein tehokkaimpana hoitona.[45]

Yhden annoksen kipua lievittävät vaikutukset kestävät muutamasta päivästä viikkoon, joskus jopa useita viikkoja. Kivun lisäksi se saattaa helpottaa muitakin CFS-oireita, kuten uupumusta, kognitiivisia häiriöitä ja suoliston spasmeja. Goldsteinin mukaan tämä voi johtua lidokaiinihoidon noradrenaliinin, GABA:n ja koliinin takaisinottoa estävästä vaikutuksesta

foliinihappo (Antrex)
levofoliinihappo (Isovorin)

Foliinihappo on foolihapon johdannainen. Foliinihappoa ja levofoliinihappoa käytetään metotreksaatin toksisten vaikutusten kumoamiseen syöpähoidoissa sekä yhdessä 5-fluorourasiilin kanssa paksusuolen syövän hoitoon. Levofoliinihapon käytöstä CFS:n hoitoon on olemassa yksi kokeellinen tutkimus, jonka näyttö puoltaa jatkokokeiluja, etenkin kun lääkkeellä on yleensä erittäin vähän sivuvaikutuksia.[46] Tutkimuksessa 51 CFS-potilaasta peräti 81% koki saaneensa apua levofoliinihaposta. Haittoja näillä lääkkeillä ei juuri ole, mutta ongelmana on kuitenkin molempien suhteellisen kallis hinta.

Tukilääkitys

omepratsoli (Losec)
esomepratsoli (Nexium)
lansopratsoli (Zolt)

Protonipumpun estäjät vähentävät vatsahapon eritystä. CFS:ssä esiintyy usein enemmänkin vatsahapon vähäisyyttä kuin liikahappoisuutta, mutta osa potilaista saa hyvinkin voimakkaita vatsaoireita esimerkiksi tulehduskipulääkkeistä. Jos niiden tai muiden ulkusriskin aiheuttavien lääkkeiden käyttö on muuten perusteltua, on lääkitykseen syytä liittää protonipumpun estäjä.

Toinen vaihtoehto on H_2-reseptorin salpaaja, joilla voi olla muitakin edullisia vaikutuksia CFS:ään, mutta nämä lääkkeet voivat vaikuttaa monien muiden valmisteiden imeytymiseen. Joillain potilailla protonipumpun estäjät voivat helpottaa myös uupumusta ja lämpöilyä, mutta syytä tähän ei tunneta.

Protonipumpun estäjillä ei yleensä ole merkittäviä haittavaikutuksia, mutta ne voivat hidastaa muiden lääkkeiden imeytymistä. Yleensä tällä ei ole kliinistä merkitystä, mutta jos potilas kärsii esimerkiksi migreenistä tai muista äkillisesti yllättävistä kiputiloista, lääkkeiden hidastunut imeytyminen voi olla ikävä sivuvaikutus.

alendronihappo (Fosamax)

Alendronihappo on osteoporoosilääke. Krooninen väsymysoireyhtymä ei tiettävästi sinänsä aiheuta osteoporoosia. CFS-potilaat joutuvat kuitenkin usein merkittävästi rajoittamaan aktiviteettiaan ja osa sairastuneista on täysin vuodepotilaita, joten selkeä riskitekijä luuston haurastumiselle on olemassa. Lisäksi joissain tapauksissa CFS:ää sairastavan naispotilaan vaihdevuodet voivat alkaa huomattavasti etuajassa, jopa parikymppisenä, jolloin estrogeenin luustoa suojaava vaikutus menetetään. Alendronihappoa ei kuitenkaan voi antaa potilaalle, joka ei kykene olemaan pystyasennossa.

misoprostoli (Cytotec)

Misoprostoli on synteettinen prostaglandiinianalogi, joka estää mahahapon eritystä ja suojaa mahan limakalvoa myös muilla mekanismeilla. Sitä käytetään pitkäaikaisen tulehduskipulääkehoidon aiheuttamien ulkusten estämiseksi. On myös epäilty, että se voisi auttaa suoliston lisääntyneeseen läpäisevyyteen, joka on yhdistetty CFS:ään ja siten helpottaa vatsavaivoja ja ruokayliherkkyyksiä.[47]

Ripuli ja vatsakivut ovat yleisimpiä haittavaikutuksia. Misoprostolilla ei ole todettu yhteisvaikutuksia muiden lääkkeiden kanssa. Misoprostolia ja diklofenaakkia saa yhdistelmävalmisteena nimellä Arthrotec, mutta diklofenaakki ei ole välttämättä paras tulehduskipulääke kaikille potilaille.

influenssarokote

Rokotukset ovat CFS.ää sairastavilla kaksipiippuinen dilemma. Toisaalta monien CFS:ää sairastavien vastustuskyky on heikentynyt ja siten monet sairaudet voivat olla hyvinkin vaarallisia, toisaalta taas rokotukset voi pahentaa potilaan tilaa.

Jos potilas kärsii jatkuvista infektioista ja on saanut sairautensa aikana rokotuksia ilman ongelmia, voinee influenssarokotusta suositella. Jos taas tämä kuuluu toiseen CFS:ää sairastavien ääripäähän, joka ei tunnu koskaan sairastuvan edes flunssaan, rokotuksista on ollut aikaisemmin ongelmia tai potilas ei juuri kykene poistumaan kotoaan, rokotus ei liene perusteltua. Vaikka rokotus annettaisiinkin, CFS-potilaat todennäköisesti serokonvertoivat muuta väestöä heikommin.

pneumokokkirokote (Pneumovax)

Pneumokokkirokotteeseen pätevät samat kiistakysymykset kuin influenssarokotteeseenkin. Useimmille CFS:ää sairastaville siitä tuskin on hyötyä ja osalle voi aiheutua haittaakin, mutta jos potilas saa tiuhaan tahtiin hankalia bakteeri-infektioita, on pneumokokkirokotusta syytä harkita.

1 Dunphy RC, Verne GN. Drug treatment options for irritable bowel syndrome: managing for success. Drugs Aging. 2001;18(3):201-11.

2 Kowal C, DeGiorgio LA, Nakaoka T ym. Cognition and immunity; antibody impairs memory. Immunity. 2004 Aug;21(2):179-88.

3 Teng CT, Demetrio FN. Memantine may acutely improve cognition and have a mood stabilizing effect in treatment-resistant bipolar disorder. Rev Bras Psiquiatr. 2006 Sep;28(3):252-4.

4 Peeters M, Gunthorpe MJ, Strijbos PJ ym. Effects of pan- and subtype-selective NMDA receptor antagonists on cortical spreading depression in the rat: therapeutic potential for migraine. J Pharmacol Exp Ther. 2007 Jan 31.

5 Verrillo Erica F, Gellman Lauren M. Chronic Fatigue Syndrome: A Treatment Guide. 1997. s. 166.

6 Theoharides TC, Sant GR. Hydroxyzine therapy for interstitial cystitis. Urology. 1997 May;49(5A Suppl):108-10.

7 http://www.immunesupport.com/library/showarticle.cfm/ID/2927

8 Meynadier J, Guilhou JJ, Meyn-Adier J ym. [Chronic urticaria. Etiologic and therapeutic evaluation of 150 cases. (author's transl)]. Ann Dermatol Venereol. 1979 Feb;106(2):153-8.

9 Berne Katrina. Running on Empty: The Complete Guide to Chronic Fatigue Syndrome. 1995. s. 201.

10 Boeles S, Williams C, Campling GM ym. Sumatriptan decreases food intake and increases plasma growth hormone in healthy women. Psychopharmacology (Berl). 1997 Jan;129(2):179-82.

11 http://home.vicnet.net.au/~mecfs/general/goldstein_treatment.html

12 http://www.wfprofessional.com/treatment.htm

13 http://faculty.washington.edu/pmease/combining_science.html

14 Brorson O, Brorson SH. An in vitro study of the susceptibility of mobile and cystic forms of Borrelia burgdorferi to hydroxychloroquine. Int Microbiol. 2002 Mar;5(1):25-31.

15 Tench CM, McCurdie I, White PD ym. The prevalence and associations of fatigue in systemic lupus erythematosus. Rheumatology (Oxford). 2000 Nov;39(11):1249-54.

16 Cox IM, Campbell MJ, Dowson D. Red blood cell magnesium and chronic fatigue syndrome. Lancet. 1991 Mar 30;337(8744):757-60.

17 Verrillo Erica F, Gellman Lauren M. Chronic Fatigue Syndrome: A Treatment Guide. 1997. s. 234-235.

18 Takahashi H, Imai K, Katanuma A ym. [A case of chronic fatigue syndrome

who showed a beneficial effect by intravenous administration of magnesium sulphate]. Arerugi. 1992 Nov;41(11):1605-10.

19 Goldstein J. How Do I Diagnose A Patient With Chronic Fatigue Syndrome? Kirjassa: Hyde B, (toim.) The Clinical and Scientific Basis of Myalgic Encephalomyelitis/Chronic Fatigue Syndrome. s. 247-252.

20 http://www.drmyhill.co.uk/article.cfm?id=12

21 Kohyama J, Shimohira M, Watanabe S ym. Mexiletine hydrochloride in an infant with intractable epilepsy. Brain Dev. 1988;10(4):258-60.

22 Okada S, Kinoshita M, Fujioka T ym. Two cases of multiple sclerosis with painful tonic seizures and dysesthesia ameliorated by the administration of mexiletine. Jpn J Med. 1991 Jul-Aug;30(4):373-5.

23 Tremont-Lukats IW, Challapalli V, McNicol ED ym. Systemic administration of local anesthetics to relieve neuropathic pain: a systematic review and meta-analysis. Anesth Analg. 2005 Dec;101(6):1738-49.

24 http://home.vicnet.net.au/~mecfs/general/goldstein_treatment.html

25 http://www.immunesupport.com/library/showarticle.cfm/ID/2927/

26 http://www.drmyhill.co.uk/article.cfm?id=341

27 http://www.dfwcfids.org/medical/basc2003.html

28 http://www.ei-resource.org/articles/cfs/cfs-art21.asp

29 http://www.nutrienthealth.org/library/jom/1997/articles/1997-v12n02-p069.shtml

30 Granados-Soto V, Sanchez-Ramirez G, la Torre MR ym. Effect of diclofenac on the antiallodynic activity of vitamin B12 in a neuropathic pain model in the rat. Proc West Pharmacol Soc. 2004;47:92-4.

31 Miller A, Korem M, Almog R ym. Vitamin B12, demyelination, remyelination and repair in multiple sclerosis. J Neurol Sci. 2005 Jun 15;233(1-2):93-7.

32 Turner DC, Robbins TW, Clark L ym. Cognitive enhancing effects of modafinil in healthy volunteers. Psychopharmacology (Berl). 2003 Jan;165(3):260-9.

33 Turkington D, Hedwat D, Rider I ym. Recovery from chronic fatigue syndrome with modafinil. Hum Psychopharmacol. 2004;19(1):63-64.

34 Randall DC, Cafferty FH, Shneerson JM ym. Chronic treatment with modafinil may not be beneficial in patients with chronic fatigue syndrome. J Psychopharmacol. 2005 Nov;19(6):647-60.

35 http://www.offerutah.org/batemanarticle.html

36 http://www.nationalmssociety.org/Meds-modafinil.asp

37 http://www.ei-resource.org/articles/cfs/cfs-art21.asp

38 http://www.immunesupport.com/library/showarticle.cfm/ID/2926/

39 Verrillo Erica F, Gellman Lauren M. Chronic Fatigue Syndrome: A Treatment Guide. 1997. s. 177-178.

40 http://home.vicnet.net.au/~mecfs/general/goldstein_treatment.html

41 https://www.endfatigue.com/home.nsf/Editable%20Documents/Treatment% 20Protocol

42 Winnicka K, Tomasiak M, Bielawska A. Piracetam--an old drug with novel properties? Acta Pol Pharm. 2005 Sep-Oct;62(5):405-9.

43 Boiko AN, Batysheva TT, Matvievskaya OV ym. Characteristics of the formation of chronic fatigue syndrome and approaches to its treatment in young patients with focal brain damage. Neurosci Behav Physiol. 2007 Mar;37(3):221-8.

44 Abdel Salam OM. Vinpocetine and piracetam exert antinociceptive effect in visceral pain model in mice. Pharmacol Rep. 2006 Sep-Oct;58(5):680-91.

45 http://home.vicnet.net.au/~mecfs/general/goldstein_treatment.html

46 Lundell K, Qazi S, Eddy L ym. Clinical activity of folinic acid in patients with chronic fatigue syndrome. Arzneimittelforschung. 2006;56(6):399-404

47 Verrillo Erica F, Gellman Lauren M. Chronic Fatigue Syndrome: A Treatment Guide. 1997. s. 176-177.

10. Täysin kokeelliset hoidot

kolestyramiini (Questran)

Kolestyramiini on kolesterolilääke, joka vaikuttaa sitoutumalla sappihappoon ja syntynyt liukenematon yhdiste erittyy ulosteeseen. Kolestyramiini itsessään ei imeydy. Lääkäri Ritchie C. Shoemaker ja neurotoksikologi H. Kenneth Hudnell uskovat, että CFS:n ja joidenkin muiden sairauksien takana on neurotoksiinien kertyminen elimistöön.[1] Heidän teoriansa mukaan tämä voi johtua esimerkiksi borrelioosista ja on yhdistetty erityisesti HLA-DR-kudostyyppiin.

Neurotoksiinien poistamiseen elimistöstä käytetään kolestyramiinia ja Hudnell on julkaissut tästä tutkimuksenkin.[2] He ovat suorittaneet myös kaksoissokkotutkimuksen, jossa kolestyramiinin ja atovakuonin yhdistelmällä hoidettiin borrelian ja babesian yhteisinfektiota.[3]

Myös CFS-asiantuntija Cheney pitää kolestyramiinia varteenotettavana hoitona.[4] Kolestyramiinia on saatavilla 4 g annospusseissa, joiden sisältö sekoitetaan ruokaan tai nesteeseen ja annostellaan 2-4 kertaa päivässä. Cheney tosin suosittelee aloittamaan paljon pienemmällä annoksella.

Vaikutusmekanisminsa kautta kolestyramiini voi vaikuttaa monien muiden lääkkeiden imeytymiseen, mm. ehkäisypillerit, oraaliset antikoagulantit, tetrasykliinit, penisilliinit ja kilpirauhashormonit. Nämä lääkkeet tulee ottaa vähintään tuntia ennen kolestyramiinia tai 4-6 tuntia sen jälkeen. Shoemakerin ja Hudnellin mukaan kolestyramiinihoito saattaa aluksi pahentaa sairauden oireita.

pioglitatsoni (Actos)
rosiglitatsoni (Avandia)

Pioglitatsoni ja rosiglitatsoni ovat tiatsoliinidionien ryhmään kuuluvia diabeteslääkkeitä, joka vaikuttavat insuliiniherkkyyttä parantamalla. Niillä on myös yleistä anti-inflammatorista vaikutusta. Shoemaker ja Hudnell käyttävät pioglitatsonia vähentämään antibiootti- tai kolestyramiinihoidon aiheuttamia sivuvaikutuksia, jotka johtuvat tulehdussytokiinien liiallisesta erityksestä.[5]

Tiatsoliinidioneita on ehdotettu myös autoimmuuni- ja tulehdussairauksien hoitoon.[6,7] Hyviä tuloksia on jo saatu psoriaattisen artriitin[8], MS-taudin[9] sekä autismin hoidossa.[10] Tulehdussytokiinien estämisen lisäksi ne näyttävät myös vähentävän typpioksidin tuotantoa[11], mikä on eduksi CFS:ssä. Paul Cheneyn mielestä pioglitatsoni ei kuitenkaan sovellu CFS-potilaille, vaan ainoastaan kroonista borrelioosia sairastaville.[12]

Näköhäiriöt, turvotus, painonnousu ja hypoestesia (tuntoaistin heikkous) ovat pioglitatsonin yleisimpiä sivuvaikutuksia. Rosiglitatsonin yleisimmiksi haitoiksi puolestaan on raportoitu anemia, hyperkolesteremia, päänsärky ja vatsavaivat. Verenkuvan muutoksia voi harvoissa tapauksissa esiintyä.

Pioglitatsonilla ei ole tunnettuja yhteisvaikutuksia muiden lääkkeiden kanssa, rosiglitatsonilla niitä voi teoreettisesti olla joidenkin lääkkeiden kanssa. Tiatsoliinidioneja ei saa käyttää ykköstyypin diabetestä sairastavilla.

C-vitamiini-infuusio

C-vitamiini eli askorbiinihappo on ihmiselle välttämätöntä, sillä ihminen on yksi harvoista eläimistä, jotka eivät itse pysty tuottamaan omaa C-vitamiiniaan. Suositeltu päiväannos keripukin välttämiseksi on noin 60 mg. Muiden eläinlajien perusteella arvioitu, että jos ihminen tuottaisi itse oman C-vitamiininsa, sen määrä olisi useita grammoja päivässä. Tätä on käytetty perusteena hyvinkin suuriannoksisiin C-vitamiinihoitoihin.

Vuonna 1970 lääkäri Frederick R. Klenner julkaisi tutkimuksen, jossa hän kuvaili jopa 150 gramman parenteraalisten annosten käyttöä mm. herpes- ja enterovirusinfektioiden hoitona.[13] On sinänsä mielenkiintoista, että Klenner piti coxsackie-virusta MS-taudin aiheuttajana. Sittemmin coxsackie-virus ja muut enterovirukset on yhdistetty CFS:ään.

Suomessa suonensisäistä C-vitamiinihoitoa pidetään yleisesti huuhaana. Japanissa se on yhdessä DHEA:n kanssa kuitenkin yleinen hoito mm. pneumoniittiin, joka siellä jostain syystä käsitetään samaksi sairaudeksi kuin CFS.[14] Sillä on saatu hyviä tuloksia myös esimerkiksi syöpäpotilaiden uupumuksen vähentämisessä ja elämänlaadun parantamisessa.[15] Lääkäri Alan R. Gaby on julkaissut artikkelin, jossa selvitetään suonensisäisten ravintolisien käyttöä ja tämän tieteellisiä perusteita mm. CFS:n hoidossa.[16]

aprepitantti (Emend)

Aprepitantti on neurokiniini$_1$-reseptorin antagonisti, joka estää neuropeptidi substanssi P:n vapautumista hermostossa. Sitä käytetään syöpähoitoihin liittyvän ja leikkauksenjälkeisen pahoinvoinnin hoidossa. Substanssi P:llä on kuitenkin hyvin monenlaisia vaikutuksia elimistössä. Se on erityisesti yhdistetty fibromyalgiaan.[17]

Aprepitantilla on havaittu olevan antidepressiivistä ja anksiolyyttistä vaikutusta.[18] Sitä on kokeiltu hyvin tuloksin yliaktiivisen rakon hoitoon[19] ja siitä voi olla apua myös ärtyneen paksusuolen hoidossa.[20] Vatsavaivat, huimaus ja iho-oireet ovat yleisimpiä sivuvaikutuksia. Aprepitantti voi heikentää ehkäisypillereiden ja antikoagulanttien tehoa. Käytön suurimpana esteenä lienee kuitenkin huikea hinta.

rilutsoli (Rilutek)

Rilutsolia käytetään amyotrofisen lateraaliskleroosin (ALS:n) hoidossa. Sitä ei ole tutkittu CFS:n hoidossa, mutta vaikutusmekanismiltaan se vaikuttaa soveltuvan tähän tarkoitukseen. Lääkkeen pääasiallinen vaikutus on NMDA-reseptorin salpaaminen, mistä voi olla etua CFS:ään liittyvien kivun, masennuksen ja kognitiivisten vaikeuksien hoidossa. Lisäksi se salpaa natriumkanavia ja jänniteherkkiä kalsiumkanavia. Rilutsolista on tutkimuksia vaikean masennuksen[21], yleistyneen ahdistuksen[22] ja obsessiivis-kompulsiivisen häiriön hoidossa.[23]

Rilutsoli vaikuttaa olevan hyvin siedetty. Yleisimmät sivuvaikutukset ovat astenia ja pahoinvointi. Sitä ei saisi määrätä potilaille, joilla on jokin maksasairaus tai korkeat maksaentsyymiarvot. Maksa-arvoja pitäisi myös seurata säännöllisesti.

Kofeiini, kinolonit, diklofenaakki ja monet psyykenlääkkeet voivat kasvattaa rilutsolin pitoisuuksia ja tupakointi, grilliruoka, rifampisiini ja omepratsoli puolestaan laskea niitä. Yhteiskäytössä muiden maksaentsyymejä nostavien lääkkeiden kanssa pitää olla varovainen. Lääke on myös hyvin kallis.

valsartaani (Diovan)
losartaani (Cozaar)
telmisartaani (Micardis)

Angiotensiini II -reseptorin estäjillä on anti-inflammatorista vaikutusta[24], minkä johdosta niitä on käytetty tulehdussairauksien hoidossa. Niistä näyttäisi olevan apua esimerkiksi autoimmuunissa sydämen vajaatoiminnassa.[25] Ilmeisesti ne myös suojelevat vatsan limakalvoa.[26]

ARB:ita on kokeiltu myös CFS:n hoidossa. Ne kuuluvat osana myös ns. Marshall Protocol -hoitoon, jonka väitetään helpottavan CFS:ää ja useita autoimmuunisairauksia, tosin MP:n annokset ovat huomattavan suuria verrattuna normaalisti suositeltuihin. Anti-inflammatorista vaikutusta voi mahdollisesti tehostaa statiineilla..

Jay Goldsteinin mukaan losartaanilla on antidepressiivistä ja anksiolyyttistä vaikutusta CFS:n hoidossa.[27] Lääkäri David Moskowitz suosittelee ARB-lääkkeitä CFS:n ja fibromyalgian hoitoon pienillä annoksilla ennen nukkumaanmenoa.[28] Tällä käytännöllä hänen mukaansa vältetään verenpaineen liiallinen lasku eikä kukaan hänen potilaistaan ole joutunut keskeyttämään hoitoa.

Toisin kuin useimmat muut ARB:t, telmisartaani pääsee veriaivoesteen ohi, mistä saattaa olla merkityksellistä kognitiivisten vaikeuksien hoidossa.[29] Sillä on myös selvästi muita ARB-lääkkeitä pidempi puoliintumisaika ja yksi annostelukerta päivässä yleensä riittää. Tutkimusnäyttöä on telmisartaanin käytöstä migreenin profylaksissa ja sivuvaikutukset olivat erittäin vähäisiä.[30] Sillä on myös samankaltaista vaikutusta rosiglitatsonin ja pioglitatsonin kanssa.[31]

ARB-lääkkeet voivat aiheuttaa liiallista verenpaineen laskua erityisesti hypovolemiasta kärsiville potilaille. On epäilty, että useimmat CFS-potilaista kärsisivät hypovolemiasta. Vatsavaivat, iho-oireet sekä erilaiset kivut ja säryt ovat yleisiä sivuvaikutuksia. ARB-lääkkeillä on jonkin verran yhteisvaikutuksia muiden lääkkeiden kanssa, joista useimmat liittyvät veren kaliumpitoisuuden häiriöihin tai ortostaattisen hypotension pahenemiseen. Estrogeenit ja flukonatsoli voivat vaikuttaa losartaanin metaboliaan.

kaptopriili (Capoten)

Kaptopriili on hinnaltaan hyvin edullinen ACE-estäjä, jota käytetään hoitona mm. hypertensiossa, sydämen vajaatoiminnassa sekä diabeettisessä nefropatiassa. Ainakin eläinkokeiden perusteella kaptopriilillä vaikuttaa olevan kipua lievittäviä vaikutuksia.[32] Sitä on käytetty CFS-potilaiden kroonisen kivun hoidossa[33] yhdessä muiden lääkkeiden kanssa.

Jay Goldsteinin mukaan kaptopriili on toimiva antidepressantti, josta voi olla apua yleisestikin CFS:n oireisiin usean eri mekanismin kautta.[34] Ei ole kuitenkaan tiedossa, mikä olisi CFS:n hoitoon mahdollisesti soveltuvin lääkeannos.

Suurin ongelma kaptopriilin käytössä on mahdollinen verenpaineen lasku, joka on hyvin yleistä. Etenkin CFS-potilailla käyttö täytyy todennäköisesti aloittaa hyvin pienellä annoksella, jota hitaasti kasvatetaan. Hypoglykemia on toinen mahdollinen sivuvaikutus, jolla voi olla erityistä merkitystä CFS:ää sairastaville. Yskä, iho-oireet ja huimaus ovat muita tavallisia sivuvaikutuksia. Potilaiden verenkuvaa lienee myös aiheellista tarkkailla säännöllisin väliajoin neutropenian ja agranulosytoosin riskin takia.

atorvastatiini (Lipitor)
simvastatiini (Zocor)
lovastatiini (Mevacor)
fluvastatiini (Lescol)

CFS-potilaiden kolesteroliarvot näyttävät olevan muuta väestöä korkeammat[35, 36], mutta ei ole tietoa siitä, onko tällä kliinistä merkitystä. Kolesterolilääkkeinä tunnettujen statiinien pääasiallinen käyttö CFS:ssä perustuu niiden anti-inflammatoriseen vaikutukseen.[37] Samasta syystä statiineja, erityisesti atorvastatiinia, on kokeiltu myös esimerkiksi MS-taudin hoidossa.[38, 39] Statiinit toimivat antioksidantteina ja vähentävät veren hyytymistä[40], mistä voi olla hyötyä ainakin osassa CFS-tapauksista.

Haittapuolena statiinit vähentävät kolesterolin lisäksi myös koentsyymi Q10:n tuotantoa elimistössä. Q10-ravintolisä on eräs yleisimmistä ja parhaana pidetyistä CFS:ään käytetyistä hoidoista, joten statiineja käyttävillä CFS-potilailla Q10-lisä (vähintään 100 mg) lienee erityisen aiheellinen. Vatsavaivat ovat statiinien yleisin haittavaikutus.

Allergisia reaktioita, heikkoutta, päänsärkyä ja neurologisia oireita esiintyy toisinaan. Statiinit voivat aiheuttaa myös lihaskipuja ja -heikkoutta, harvinaisissa tapauksissa jopa rabdomyolyysiä. Lihassurkastuman riski kasvaa käytettäessä samanaikaisesti esimerkiksi atsoleita tai makrolideja. Ehkäisypillereitä käytettäessä atorvastatiini voi nostaa veren hormonipitoisuuksia.

etilefriini (Effortil)

Etilefriini on sympatomimeetti, jota käytetään ortostaattisen hypotension hoidossa. Ortostaattinen hypotensio on hyvin yleistä CFS-potilailla, joidenkin arvioiden mukaan jopa yli 90% CFS:ää sairastavista kärsii jonkinlaisista ortostaattisista tai posturaalisista säätelyongelmista. Koska ortostaattinen hypotensio saattaa itsessäänkin aiheuttaa väsymystä, saattaa ortostaattisen hypotension hoitaminen helpottaa myös potilaan yleistilaa.

Suuri osa CFS-potilaista ei kuitenkaan siedä stimulantteja, joten lääkkeen käyttö pitää arvioida tapauskohtaisesti. Lisäksi etilefriini voi aiheuttaa tai pahentaa sydämen rytmihäiriöitä. Lääkkeellä voi myös olla yhteisvaikutuksia muiden sympatomimeettisiä ominaisuuksia omaavien lääkkeiden kuten trisyklisten masennuslääkkeiden ja MAO-estäjien kanssa. Hinnaltaan etilefriini on hyvin halpa.

granisetroni (Kytril)
tropisetroni (Navoban)
ondansetroni (Zofran)

$5-HT_3$-reseptorin salpaajia käytetään lähinnä erittäin voimakkaan pahoinvoinnin hoidossa. CFS-potilaat kärsivät usein pahoinvoinnista, mutta näillä lääkkeillä on muutakin käyttöä CFS:n hoidossa. Ondansetroni vaikuttaa myös µ-opioidireseptoreihin ja saattaa vähentää inflammatorisen substanssi P:n määrää. Richard Podellin mukaan ondansetroni soveltuu CFS-potilaiden unilääkkeeksi..[41]

Alustavassa tutkimuksessa saatiin hyviä tuloksia CFS-potilaiden uupumuksen hoidossa sekä tropisetronilla että ondansetronilla.[42] Toisessa pienessä tutkimuksessa granisetroni helpotti huomattavasti potilaiden uupumusta.[43] $5-HT_3$-reseptorin salpaajia on kokeiltu hyvin tuloksin myös esimerkiksi C-hepatiittiin liittyvän uupumuksen[44] sekä fibromyalgian hoidossa.[45]

Päänsärky ja ummetus ovat yleisimpiä sivuvaikutuksia. Väsymystä ja huimausta voi esiintyä ja joskus yliherkkyysreaktioita, jotka voivat ilmentyä rintakipuina, hengenahdistuksena tai iho-oireina. Yleisesti $5-HT_3$-reseptorin salpaajat ovat kuitenkin hyvin siedettyjä.

Mikään lääkkeistä ei tiettävästi vaikuta muiden lääkkeiden metaboliaan. CYP3A-entsyymeihin vaikuttavat lääkkeet voivat kuitenkin mahdollisesti vaikuttaa granisetronin pitoisuuksiin ja esimerkiksi rifampisiini tropisetronin pitoisuuksiin. Lääkkeiden käyttöä rajoittaa kuitenkin varmasti eniten niiden huikea

118

hinta.

epoetiini alfa (Eprex)
epoetiini beta (NeoRecormon)

Vaikka seerumin erytropoietiiniarvot näyttäisivät CFS-potilailla olevan normaalit[46], on epoetiiniakin kokeiltu CFS:n hoidossa. Sitä käyttää CFS-potilaillaan mm. Richard Podell.[47] Epoetiinia on käytetty myös ortostaattisen hypotension hoitoon. Lääkettä annostellaan parenteraalisesti kerran tai muutamia kertoja viikossa. Lääkkeen käytöstä CFS:n hoidossa on tehty yksi tutkimus, jossa oli mukana 57 potilasta.[48] Siinä epoetiinista oli apua potilaidenn ortostaattiseen hypotensioon, mutta ei muihin oireisiin.

Verenpaineen liiallinen nousu on yleinen haittavaikutus ja voi pahimmillaan johtaa sydänongelmiin. Äkillinen, erittäin voimakas päänsärky voi olla merkki hypertensiivisestä kriisistä, mutta lievemmät päänsäryt ovat normaali sivuoire. Myös kuumetta voi esiintyä. Hoito saattaa aiheuttaa myös raudanpuuteanemiaa, jolloin rautalisä on aiheellinen. Kyseessä on hyvin kallis hoito, joten useimmissa tapauksissa sen käyttö CFS:ssä ei liene perusteltua.

kortisonipulssihoito

Kortisonipulssihoitoa käytetään lähinnä MS-taudin, SLE:n ja joidenkin muiden autoimmuunisairauksien pahenemisvaiheiden hoidossa. Pulssiin kuuluu yhden tai useamman päivän ajan sairaalassa annettu hyvin suuri kortisoniannos (esim. 200 mg deksametasonia i.v.). CFS:n hoitoon tätä on toistaiseksi kokeiltu vasta yksittäisissä tapauksissa. Suurin hoitoon liittyvä ongelma on lyhytaikainen vaikea unettomuus, joka saattaa johtaa useamman vuorokauden yhtäjaksoiseen valvomiseen.

1   http://www.immunesupport.com/library/showarticle.cfm/ID/3990/

2   Hudnell HK. Chronic biotoxin-associated illness: multiple-system symptoms, a vision deficit, and effective treatment. Neurotoxicol Teratol. 2005 Sep-Oct;27(5):733-43.

3 Shoemaker RC, Hudnell HK, House DE ym. Atovaquone plus cholestyramine in patients coinfected with Babesia microti and Borrelia burgdorferi refractory to other treatment. Adv Ther. 2006 Jan-Feb;23(1):1-11.

4   http://www.dfwcfids.org/medical/cheney.html

5   http://www.immunesupport.com/library/showarticle.cfm/ID/4291/

6 Pershadsingh HA. Peroxisome proliferator-activated receptor-gamma: therapeutic target for diseases beyond diabetes: quo vadis? Expert Opin Investig Drugs. 2004 Mar;13(3):215-28.

7 Mrak RE, Landreth GE. PPARgamma, neuroinflammation, and disease. J Neuroinflammation. 2004 May 14;1(1):5.

8 Bongartz T, Coras B, Vogt T ym. Treatment of active psoriatic arthritis with the PPARgamma ligand pioglitazone: an open-label pilot study. Rheumatology (Oxford). 2005 Jan;44(1):126-9.

9 Pershadsingh HA, Heneka MT, Saini R ym. Effect of pioglitazone treatment in a patient with secondary multiple sclerosis. J Neuroinflammation. 2004 Apr 20;1(1):3.

10 Boris M, Kaiser CC, Goldblatt A ym. Effect of pioglitazone treatment on behavioral symptoms in autistic children. J Neuroinflammation. 2007 Jan 5;4:3.

11 Storer PD, Xu J, Chavis J ym. Peroxisome proliferator-activated receptor-gamma agonists inhibit the activation of microglia and astrocytes: implications for multiple sclerosis. J Neuroimmunol. 2005 Apr;161(1-2):113-22.

12 http://www.dfwcfids.org/medical/cheney.html

13 Klenner, FR. Observations On the Dose and Administration of Ascorbic Acid When Employed Beyond the Range Of A Vitamin, Human Pathology. J Appl Nutr. 1971; 23: 61-88.

14 Kodama M, Kodama T. The clinical course of interstitial pneumonia alias chronic fatigue syndrome under the control of megadose vitamin C infusion system with dehydroepiandrosterone-cortisol annex. Int J Mol Med. 2005 Jan;15(1):109-16.

15 Yeom CH, Jung GC, Song KJ. Changes of terminal cancer patients' health-related quality of life after high dose vitamin C administration. J Korean Med Sci. 2007 Feb;22(1):7-11.

16 Gaby AR. Intravenous nutrient therapy: the "Myers' cocktail". Altern Med

Rev. 2002 Oct;7(5):389-403.

17 Russell IJ, Orr MD, Littman B ym. Elevated cerebrospinal fluid levels of substance P in patients with the fibromyalgia syndrome. Arthritis Rheum. 1994 Nov;37(11):1593-601.

18 Ranga K, Krishnan R. Clinical experience with substance P receptor (NK1) antagonists in depression. J Clin Psychiatry. 2002;63 Suppl 11:25-9.

19 Green SA, Alon A, Ianus J ym. Efficacy and safety of a neurokinin-1 receptor antagonist in postmenopausal women with overactive bladder with urge urinary incontinence. J Urol. 2006 Dec;176(6 Pt 1):2535-40.

20 Duffy RA. Potential therapeutic targets for neurokinin-1 receptor antagonists. Expert Opin Emerg Drugs. 2004 May;9(1):9-21.

21 Zarate CA Jr, Payne JL, Quiroz J ym. An open-label trial of riluzole in patients with treatment-resistant major depression. Am J Psychiatry. 2004 Jan;161(1):171-4.

22 Mathew SJ, Amiel JM, Coplan JD ym. Open-label trial of riluzole in generalized anxiety disorder. Am J Psychiatry. 2005 Dec;162(12):2379-81.

23 Coric V, Taskiran S, Pittenger C ym. Riluzole augmentation in treatment-resistant obsessive-compulsive disorder: an open-label trial. Biol Psychiatry. 2005 Sep 1;58(5):424-8.

24 Marshall TG, Lee RE, Marshall FE. Common angiotensin receptor blockers may directly modulate the immune system via VDR, PPAR and CCR2b. Theor Biol Med Model. 2006 Jan 10;3:1.

25 Yuan Z, Nimata M, Okabe TA ym. Olmesartan, a novel AT1 antagonist, suppresses cytotoxic myocardial injury in autoimmune heart failure. Am J Physiol Heart Circ Physiol. 2005 Sep;289(3):H1147-52.

26 Laudanno OM, Cesolari JA. [Angiotensin II AT1 receptor antagonists as antiinflammatory and gastric protection drugs]. Acta Gastroenterol Latinoam. 2006 Jun;36(2):76-80.

27 http://home.vicnet.net.au/~mecfs/general/goldstein_treatment.html

28 http://www.immunesupport.com/library/showarticle.cfm/ID/5007/

29 Unger T. Blood pressure lowering and renin-angiotensin system blockade. J Hypertens Suppl. 2003 Jul;21(6):S3-7.

30 Tronvik E, Stovner LJ, Helde G ym. Prophylactic treatment of migraine with an angiotensin II receptor blocker: a randomized controlled trial. JAMA. 2003 Jan 1;289(1):65-9

31 Yamagishi S, Takeuchi M. Telmisartan is a promising cardiometabolic sartan due to its unique PPAR-gamma-inducing property. Med Hypotheses. 2005;64(3):476-8.

32 Motta MA, Vasconcelos Mda S, Catanho MT. Antinociceptive action of captopril and transcutaneous electric nerve stimulation in Mus musculus mice. Clin Exp Pharmacol Physiol. 2002 May-Jun;29(5-6):464-6.

33 Berne Katrina. Running on Empty: The Complete Guide to Chronic Fatigue Syndrome. 1995. s. 201.

34 http://home.vicnet.net.au/~mecfs/general/goldstein_treatment.html

35 van Rensburg SJ, Potocnik FC, Kiss T ym. Serum concentrations of some metals and steroids in patients with chronic fatigue syndrome with reference to neurological and cognitive abnormalities. Brain Res Bull. 2001 May 15;55(2):319-25.

36 http://www.geocities.com/ResearchTriangle/2888/cfsme.html

37 Tsirpanlis G, Boufidou F, Manganas S ym. Treatment with fluvastatin rapidly modulates, via different pathways, and in dependence on the baseline level, inflammation in hemodialysis patients. Blood Purif. 2004;22(6):518-24.

38 Stuve O, Youssef S, Weber MS ym. Immunomodulatory synergy by combination of atorvastatin and glatiramer acetate in treatment of CNS autoimmunity. J Clin Invest. 2006 Apr;116(4):1037-44.

39 Aktas O, Waiczies S, Smorodchenko A ym. Treatment of relapsing paralysis in experimental encephalomyelitis by targeting Th1 cells through atorvastatin. J Exp Med. 2003 Mar 17;197(6):725-33.

40 Szczeklik A, Undas A, Musial J ym. Antithrombotic actions of statins. Med Sci Monit. 2001 Nov-Dec;7(6):1381-5.

41 http://drpodell.org/improving_sleep_quality.shtml

42 Spath M, Welzel D, Farber L. Treatment of chronic fatigue syndrome with 5-HT3 receptor antagonists--preliminary results. Scand J Rheumatol Suppl. 2000;113:72-77.

43 The GK, Prins J, Bleijenberg G ym. The effect of granisetron, a 5-HT3 receptor antagonist, in the treatment of chronic fatigue syndrome patients--a pilot study. Neth J Med. 2003 Sep;61(9):285-9.

44 Piche T, Vanbiervliet G, Cherikh F ym. Effect of ondansetron, a 5-HT3 receptor antagonist, on fatigue in chronic hepatitis C: a randomised, double blind, placebo controlled study. Gut. 2005 Aug;54(8):1169-73.

45 Papadopoulos IA, Georgiou PE, Katsimbri PP ym. Treatment of fibromyalgia with tropisetron, a 5HT3 serotonin antagonist: a pilot study. Clin Rheumatol. 2000;19(1):6-8.

46 Winkler AS, Blair D, Marsden JT ym. Autonomic function and serum erythropoietin levels in chronic fatigue syndrome. J Psychosom Res. 2004 Feb;56(2):179-83.

47 http://drpodell.org/chronic_fatigue_syndrome_treatments.shtml
48 http://www.wicfs-me.org/8th_report_int_iacfs_conf.htm